新工科背景下地方高校机械类创新人才培养体系重构与实践

蒙艳玫　陈远玲　李　偲
王成勇　韦　锦　耿葵花　著

华中科技大学出版社
中国·武汉

内 容 简 介

　　本书是机械创新人才培养教学研究课题组开展新工科建设取得的一系列成果的总结,主要内容包括新工科背景下的教育模式和特征,地方高校机械类教育教学改革现状和改革思路,地方高校机械类理论教学体系重构,机械类实验和实践教学体系重构,虚实结合、开放共享典型实验教学案例研发,机械类学科交叉知识教育教学研究,全方位质量保障与反馈机制建立。

　　本书可作为各高校教学和科研管理人员开展新工科建设的参考,也可供从事机械类专业教学科研的老师们开展新工科建设时参考。

图书在版编目(CIP)数据

新工科背景下地方高校机械类创新人才培养体系重构与实践/蒙艳玫等著. —武汉:华中科技大学出版社,2022.5
　　ISBN 978-7-5680-8184-9

Ⅰ.①新… Ⅱ.①蒙… Ⅲ.①高等学校-机械工程-人才培养-研究 Ⅳ.①TH

中国版本图书馆 CIP 数据核字(2022)第 085034 号

新工科背景下地方高校机械类
创新人才培养体系重构与实践
Xingongke Beijing xia Difang Gaoxiao Jixielei
Chuangxin Rencai Peiyang Tixi Chonggou yu Shijian

蒙艳玫　陈远玲　李　俚
王成勇　韦　锦　耿葵花　著

策划编辑:万亚军
责任编辑:刘　飞
封面设计:原色设计
责任监印:周治超
出版发行:华中科技大学出版社(中国·武汉)　　　电话:(027)81321913
　　　　　武汉市东湖新技术开发区华工科技园　　　邮编:430223
录　　排:华中科技大学惠友文印中心
印　　刷:武汉科源印刷设计有限公司
开　　本:710mm×1000mm　1/16
印　　张:11
字　　数:152 千字
版　　次:2022 年 5 月第 1 版第 1 次印刷
定　　价:49.80 元

前　言

　　机械和汽车产业是国民经济重点发展的支柱产业,需要大量高素质、高适应性专业人才。地方高校肩负着为这两大支柱产业培养高素质技术人才的使命。然而,目前地方高校机械类专业普遍存在人才培养与行业需求脱节,教学环节与工程实际脱节,学生学习与实际需要脱节的问题,导致学生综合工程素质偏低、人才适应性偏低。

　　据此,课题组自 2007 年国家级实验教学示范中心建设以及 2010 年国家级特色专业建设开始,从建立机械工程专业的培养体系入手,以培养方案、培养目标、毕业要求、课程体系、师资队伍为抓手,进行了系统的改革和实践,对教学课程和实验体系进行优化整合,以产品解决方案为主线,将专业课程的知识体系贯穿于设计制造过程的知识构架之中,体现设计制造过程的交叉、并行、协同和有机联系。以教学课程—实验技术—先进制造设备及测试手段—工程技术应用软件构筑完整的专业教学体系;以现代设计制造模式的全局形态向学生展示教学内容和实验内涵,为培养创新型制造业人才建造拓展性的学习和训练空间。课题组自 2014 年开始展开专业认证相关工作,对标国际认证标准,按照"逆向设计,正向施工"的流程修订专业培养方案,其制定与实施的流程为"培养目标→毕业要求→课程体系→课程教学大纲→课程教学→课程目标达成情况评价与反馈→毕业要求达成情况评价与反馈→培养目标达成情况评价与反馈→持续改进",根据调查与评价结果不断优化人才培养方案,优化课程教学内容,改革教学方法,完善人才培养质量评价制度,形成了以培养质量为引领,以创新工程能力为导向的新型机械工程专业人才培养模式。教学改革主要特色如下:

　　(1)从地方高校的实际出发,致力于为地方产业服务,提出了"数字赋能、项目驱动"多学科交叉知识融会贯通的高素质、高适应性工程人才培养理念。针对机械行业发展新态势,构筑产业发展需求的协同育人体系,提高人才培养适应性;通过校内校外—课内课外—线上线下的深度融合,实现学校与企业相结合,教学与工程相结合,理论与实践相结合,从而提高学生工程素质,让人才培养与企业需求相适应。

　　(2)以能力培养为主线,打造基于新工科特点的课程体系,突出课程在毕业能力中的支撑作用,从基础课到专业课逐渐递进,最终使学生具备解决复杂工程问题的能力。为强化工程能力培养环节,建立虚实结合、线上线下、开放共享的实验教学体系,同时新增企业行业特色课程,动态地融入行业与企业新技术、新方法,使教学内容、知识结构与行业发展紧密结合。

(3)构建基于新工科背景下的虚实结合、线上线下的实验教学体系,以企业特色课程、虚拟结合的实验课程、项目驱动的第二课堂促进学生课内课外、校内校外全程协同培养,实践课程校企协同、真题实做;引导学生自主学习、自主动手;第二课堂以项目驱动引导学生积极参与科研项目和开展创新活动,促进学生自主学习、自主实践、自主创新。

改革实践成效显著。基于国家级机械工程实验教学示范中心和虚拟仿真实验教学中心十多年的改革建设,构建了典型工程案例库,研发了近100项"虚实结合"创新实验项目,并将教师研究成果转化到教学中。以实验中心开放性实验室和本科生专业导师制为依托,以面向工程实际的产学研真实项目研发作为学习载体,将知识的拓展与项目研究过程的迭代相结合,用项目研发的渐进思想与知识构建的思路贯通主干课程知识体系,注重课内课外、线上线下和校内校外资源的优势互补,极大提升学生跨学科知识的综合运用与解决复杂工程问题的能力。基于新工科背景建设的机械设计制造及其自动化专业于2016年、2019年两次通过了中国工程教育专业认证,于2019年获国家级一流专业建设点,专业的国际影响和竞争力提升,毕业生解决复杂工程问题的能力得到用人单位好评。学生课外作品获奖和科研成果质量与数量显著提高,近5年学生参加各类大学生创新设计大赛获奖328项,本科生参与申请并获得授权专利97项,发表论文近100篇。同时,通过产学研合作平台,老师和学生先后为广西玉柴机器集团有限公司、东风柳州汽车有限公司等提供技术服务,完成项目125项,实现真正意义的校企全程协同育人。

本书的出版得益于改革实践获得的以下项目资助,在此表示感谢。

(1)国家级一流专业建设项目"机械设计制造及其自动化建设点(教高厅函〔2019〕18号)";

(2)教育部第二批新工科研究与实践项目"基于机械行业产业联盟智能制造人才培养实践创新平台建设探索与实践(项目编号:E-JX20201527)";

(3)教育部工程训练教学指导委员会第三期金工与工训教育科学研究项目"云上智造——基于柔性制造系统的实验实训教学云平台(项目编号:JJ-GX-JY202145)";

(4)广西高等教育本科教学改革工程项目"面向科研素养的机械工程创新

人才培养模式研究与实践(项目编号:2019JGA100)";

(5)广西高等教育教学改革工程项目(2022年度):"刚柔并济"打造柔性制造系统实验教学超共享云平台(项目编号:2022JGA116)。

本书的出版还要特别感谢广东工业大学教学研究团队的辛勤付出,通过双方长期的交流学习,促进了地方高校教育教学水平的提高。最后,对所有为改革实践做出贡献的老师和本书中引用参考文献的作者表示衷心感谢。

由于目前新工科建设还处于探索实践阶段,加之作者水平有限,书中疏漏或不足之处在所难免,恳请各位专家、学者批评指正。

蒙艳玫　等
2022 年 4 月

目　　录

第1章 新工科背景下的教育模式和特征

1.1 新工科提出的背景

在 2014 年国际工程科技大会上，国家主席习近平指出，未来几十年，新一轮科技革命和产业变革将同我国加快转变经济发展形成历史性交汇，工程在社会中的作用发生了深刻变化，工程科技进步和创新成为推动人类社会发展的重要引擎。人类社会正在迈入工业 4.0 时代，以人工智能为代表的新一轮科技革命和产业变革正在孕育兴起，学科交叉融合加速，新兴学科不断涌现，前沿领域不断延伸，基础研究、应用研究、技术开发和产业化的边界日趋模糊，且正处于取得关键突破的历史关口，与中华民族伟大复兴进程形成历史性交汇，科技、工程和人才的创新迭代成为社会发展的引擎，教育事业面临前所未有的机遇和挑战。

世界经济已由工业经济开始向信息经济转变。以"互联网＋"、智能制造、人工智能、新能源、生物医药、现代服务业等为代表的新技术、新产业、新业态、新模式，正成为"新经济"时代的发展新引擎。人类社会发展的核心驱动力，已由"动力驱动"逐步转变为"技术驱动""数据驱动"，大数据、云计算、物联网是新一轮科技和产业革命的核心。因此，人类社会＋计算机＋物理世界三元融合，信息系统与物理系统的融合(CPS)使信息服务进入了普及时代,"大数据＋机器深度学习＋云服务"等将人类带入机器决策时代。

新工科教育是快速响应社会变革与产业需求的新型教育形态,能够高度契合新经济、新技术和新业态的发展态势,在推进教育强国建设,实现中国"两个一百年"奋斗目标中发挥着重要的支撑作用。

1.2　新工科的内涵

新工科是面向新技术、新产业、新业态、新模式,基于国际竞争新形势、国家战略发展新需求、立德树人新要求而提出的我国工程教育改革方向。因此,新工科既涵盖了传统工科中工程的要素,又包含融合交叉、新技术的发展。

新工科内涵是:以立德树人为引领,以应对变化、塑造未来为建设理念,以继承与创新、交叉与融合、协调与共享为主要途径,培养多元化、创新型卓越工程人才,为未来提供人才保障和智力支撑。新工科的内涵强调"立德树人""国家战略""前沿技术引领性""学科间交融性""知识体系多样性""人才培养创新性"等,"工科"是本质,"新"是取向,虽然强调"新"字,但又不能脱离"工科"。

1.3　新工科的建设要求

新工科是高质量应对国际竞争新形势、国家战略发展新需求的工程教育改革方向,对工程人才素质规格、能力结构和质量标准提出了更新更高的要求。新科技革命和新产业需求发起的重大战略性和系统性工程教育改革计划,旨在促进工程教育变革新理念、创造新形态、建构新模式、发展新范式和生成新质量,培养未来关键性、颠覆性、前沿性和创新性工程科技卓越引领人才。因此,新工科建设聚焦如下内容:

(1) 以新经济、新产业为背景,构建新兴工科和传统工科相结合的学科专业"新结构",探索实施工程教育人才培养的"新模式",建立完善中国特色工程教育的"新体系"。

(2) 迎接多重战略机遇与挑战交织并存的新形势、新任务,为国家经济转型和社会发展提供人才保障和智力支撑。

(3) 智能化、互联网、物联网、大数据、云服务等是新工科的重要特征,围绕产业链、创新链重塑教育链,要设计一个教育、研究、实践、创新创业的教育链方案,并举改造提升传统工科和培育发展新工科。

1.4 新工科的培养模式

新工科面向新经济与产业行业、复杂工程问题等,以培养多元化、创新型的卓越工程人才为目标的新工科建设,需遵循以学生为中心,回归工程实践理念,突出工程教学的主体互动性、形式合作性、内容探究性和方式实践性,普及研究性、项目式、案例式和合作式等教学形式。培养模式的核心是促进知识的融合与转化,将知识情境延伸到社会与应用层面,强调知识生产在实践和应用中解决社会实际问题的工程价值,推动人才素质结构从整合工程科学理论知识转向知识创新、转化应用及服务社会生产和工程实践的复杂工程创新能力。

1. 升华创新人才培养理念

新工科建设要根植于家国情怀的使命感,要将经济社会发展需求体现在人才培养的每个环节,围绕产业链、创新链,从培养理念、培养目标、培养任务、培养举措等方面进行升华,创新应对现代社会的快速变化和未来不确定的变革挑战。

2. 突出跨学科知识的交叉与融合

交叉与融合是工程创新人才培养的着力点,要求新工科人才能够在繁杂的信息资源中获取和筛选有价值的知识,并能够针对复杂的工程问题恰当使用知识资源,跨学科交叉与融合是重大工程科技创新的突破点。因此,从"创意-创新-创业"完善创新人才培养模式,突出新工科人才培养具备多学科交叉的复合型知识结构,对新工科课程体系建设和教学内容的选择具有指导作用。

3. 强化实践环节

在人才培养目标上,以实践能力和职业精神为出发点,突出培养学生的工程思维,关注工程问题的形成,重视具体的工程设计能力和解决工程实际问题的能力。利用工程实验、项目、竞赛、产品技术开发和实习实训等渠道,构建现代工程实践教学体系,创设基于问题的探究式学习、基于案例的讨论式学习、基于项目的参与式学习和基于实践的体验式学习,注重产学研用和产教融合。同时,完善实践环节的管理、评估和激励机制,强调"干中学",将学生的实践放入项目学习,通过教学方法上的多样性(包括研究性学习、专题讨论学习、小组合作学习等),充分发挥学生的主观能动性,提高学生的实践能力和水平。

4. 突出协同育人

工程人才的应用与服务直接对标工业界、产业行业和社会市场需求。新工科建设以服务国家战略、对接产业行业、适应社会经济、引领未来发展为根本导向,是对第四次工业革命、经济动能转换与方式转型、产业制造迭代升级的战略性应答,强调从初层次的被动适应转向高阶性的主动引领。新工科人才培养应跨越浅表化的校企合作,推进政产学研企等多主体深度参与和合作互动,聚集多方协同育人合力和内外教育资源,构建政校协同、产学融合、校企合作的新工科专业协同育人模式和多主体参与的卓越工程科技人才培养共同体。

第 2 章　新工科背景下地方高校机械类教育教学现状和改革思路

2.1　新工科环境下的工程教育教学现状

当今社会,新知识呈指数级发展,边缘学科、交叉学科不断涌现,知识成果转化周期缩短。工程教育大部分还在遵循知识积累、科学实验、原理归纳与论证的假设-因果分析逻辑,以学生掌握系统的数理基础、工程科学与技术知识、工程学科专业理论为主,注重学生的结构化工程专业知识掌握,重知识轻能力、重课堂轻实践、重成绩轻育人,忽视培育学生的工程实践能力、创新能力与职业素质,培养路径存在技术与现实脱节、设计能力匮乏等质量短板,脱节于工程教育本质和社会人才需求。主要表现在:

1. 工程教育理念滞后

工程教育理念与当前的变化和未来的需求不适应,以学生为中心、成果导向、质量持续改进的工程教育认证理念贯彻落实不到位,培养学生的学习能力、个性化培养理念融入教育过程不够,交叉融合创新理念有待进一步强化。

2. 人才结构不合理

工程教育课程知识陈旧,与实践和社会需求脱节,与新时代行业发展和国家创新人才需求匹配度不高。而注重理论体系的工程技术人才支撑制造业转型升级的能力不强,工程领军人才和拔尖人才不足,制造业基础工程人才过剩,毕业生就业难与企业用工荒并存。

3. 培养模式不适应

传统的机械工程人才培养以简单训练、认知和简易模拟生产为目标,企业融入协同育人滞后,缺少情境化案例教学,工程实践不足,而以全球化、网络化为代表的一系列颠覆性技术的发展使得教育、学习、信息共享的方式发生了变化,传统的教学方法和模式、教学环境和条件以及教师的需求和结构等不适应,高等工程教育在培养学生解决实际问题能力方面存在结构性短板,导致学生的自主创新能力偏低、卓越性不足。

2.2　新工科环境下地方高校机械类教育教学改革

在新工科环境下,随着新经济中不断涌现出移动互联网、云计算、大数据、物联网、智能制造等新兴产业和业态,新一轮科技和产业革命对高等教育提出了新挑战,人才培养的多样化、个性化、多层次化与产业发展需求矛盾凸显;未来产业的"无人区"需要用未知技术解决未知问题,这要求工程科技人才具备更强的创新创业能力和跨界整合能力;伴随新一轮科技革命的加速进行,现代工程实际问题的复杂性和不可预见因素已超越了现有的工程解决方法和标准。

地方高校抓住智能化、互联网、物联网、大数据、云服务等新工科的主要特征,从创新思维、创新意识、创新能力、创新有效性等四个维度,探索新工科环境下地方高校机械工程创新人才培养规律,开展了多学科交叉融合、深度工程化创新能力进阶提升的人才培养改革,引导学生自主学习、主动实践、追求创新,系统推进"三全育人""五育并举"的人才培养综合改革。

2.2.1　改革目标

贯彻全国高校思政工作会议精神,加强文化素质教育,坚持不懈弘扬社会主义核心价值观,坚持立德树人,突出人才培养的核心地位,针对工程智能化、工程复杂性的挑战,关联机械产业需求链、创新链和教育链,依托国家级广西大学机械工程实验教学示范中心、国家级机械工程虚拟仿真实验教学中心、教育部工程创新中心以及产学研协同育人平台,以学生为中心,将知识、能力、实践、创新、立德树人等要素培养有机融合,重构新工科环境下的多学科交叉融合、深度工程化"创新能力进阶提升"的培养体系新架构,有组织有计划地开展地方高校机械类本科生自主创新能力逐级递进的培养模式改革,旨在培养适应科技革命和产业变革的机械工程领域卓越人才。

2.2.2　改革思路

1. 以立德树人为根本的新工科建设框架

党的十八大以来,习近平总书记站在国家繁荣、民族振兴、教育发展的战略高度,多次就高校坚持社会主义办学方向,落实立德树人根本任务,扎根中国大地办教育,努力培养堪当民族复兴大任的时代新人等论述,为教育改革创新指明了方向。以立德树人为核心,构建了通识人文教育、品格塑造、批判/创新思维、专业卓越培养四方面融合的机械类新工科教育框架(见图2-1),培养学生成人和成才。立德树人贯穿人才培养全过程,将社会主义核心价值观的思想政治教育融入中国特色新人文教育,塑造学生品格、培养学生的家国情怀;以学生成人为着力点,开展中国特色工程通识教育,培养学生的好奇心、科学思维、伦理推断和想象力,增强学生的终身学习能力,适应未来产业需求;在成才培养上,推动"课程思政"与专业课、多学科交叉的工程实践教育和个性化专业能力的提升全过程有机融合,以卓越目标为导向,培养学生宽厚的自然科学、数学和工程科学基础,严谨的工程态度、工程问题思维,创新素质,设计技术和实践能力;以卓越目标为导向,推进学生自主学习,突出工程教学的主体互动性、形式合作性、内容探究性和方式实践性,保障工程教学成为达成学生能力目标的师生共同体行为,促进学生终身学习力可持续发展,培养学生多学科交叉和个性化专业能力,推动高质量创新人才培养。

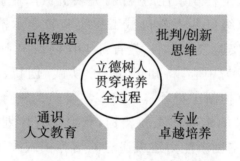

图 2-1　机械类新工科教育框架

2. 系统化设计机械工程卓越人才培养过程

新工科教育是面向新工业革命的工程教育全面创新,是一种工程教育的新范式,按照需求产出导向(OBE)的逻辑,以培养目标为统领、以毕业要求为依据、以培养标准为基准、以学生为中心,将知识、能力、实践、创新、立德树人等要素通过理论课程和实践课程体系实现有机融合,突出品格、知识、能力全面融合培养。

广西大学作为省部共建的地方高校,其机械类专业瞄准广西支柱经济的工程机械、发动机、汽车、机器人和智能农机装备等产业链和行业市场转型发展,培养职业化的服务社会生产一线的机械工程领域卓越型工程技术人才。

按照"先通后专辅以跨"的体系设计逻辑,以专业教育为主干,实施基于机械工程专业的通识教育以及塑造品格、科学思维、工程伦理等的通识教育,同步增设跨学科专业(计算机、电工电子等)课程、项目等形式,以培养具有自主创新能力的机械工程卓越人才为目标,以构建校、企产学研协同的育人平台为基础,以多学科交叉融合和深度工程化训练为支撑,建设两链融合、五级递进的"能力迭代提升"的通专、跨学科教育并行的一体化、融合式育人新架构,促进学生在跨学科学习中生发创新性知识和实践,如图 2-2 所示。

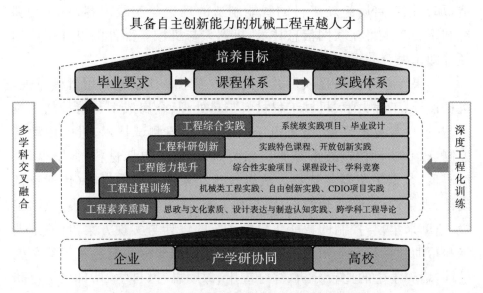

具备自主创新能力的机械工程卓越人才

培养目标

毕业要求 ➡ 课程体系 ➡ 实践体系

多学科交叉融合

深度工程化训练

工程综合实践　系统级实践项目、毕业设计

工程科研创新　实践特色课程、开放创新实践

工程能力提升　综合性实验项目、课程设计、学科竞赛

工程过程训练　机械类工程实践、自由创新实践、CDIO项目实践

工程素养熏陶　思政与文化素质、设计表达与制造认知实践、跨学科工程导论

企业　产学研协同　高校

图 2-2　深度工程化的卓越人才培养过程

3. 构建以网络化、智能化为特征的项目化课程体系

紧抓新工科网络化、智能化的特征,构造基于项目或问题的综合课程,围绕项目组织模块化课程体系,完善大类通识课程与专业主干课程结构,以学生为中心,坚持课程开发设计的问题驱动、项目导向和需求导向,构建机械大类课程和专业大类课程组成的基础通用课程群,包括政治、历史、人文、社会、经济、管理和艺术等通识课程群,以及专业核心课程、专业前沿课程、专业实践课程和创新创业课程等多功能课程模块。理论课程体系包括以自然科学基础课程群、机械大类科学课程群、多学科交叉核心课程群和智能制造技术选修课程群为模块的机械工程教育体系,以及注重人文素养和终身能力培养的通识教育体系;项目实践体系包括课程项目、课程组项目、本科生创新创业计划项目、多学科团队项目和毕业设计研发项目,通过项目的实施,实现课程与实践融合衔接。

如果某学科团队项目教学的基本要求是让学生选择合适的金属板材设计机械零部件或工艺品，利用互联网及信息传输进行编程，用传感器进行制造过程的智能控制和成形的有限元仿真，实现加工制造，那么该项目属于新工科的智能制造的理论与实践内容，目的是训练和帮助学生将互联网信息技术、机器人与机械零部件的设计制造创新等知识融合并运用于实践。

如果专业综合课程项目教学的基本要求是让学生利用机械原理、机械设计、工程力学、机械工程材料与热处理、金属成型与特种加工技术、互换性与技术测量、电工电子技术、传感与测试技术、机电传动与控制、PLC 自动控制技术等课程相关知识，完成包括材料、伺服电机、编码器、数据采集器等选择方法以及传动系统的结构设计（包括丝杠设计、钣金件设计、联轴器设计）与加工等，融入智能数据采集要素（位置、速度采集）与控制的智能化机电系统的设计与实现方案，目的是训练和帮助学生将专业知识进行串联整合，完成非标智能装备传动系统设计，培养学生的比较分析、综合应用、深度思考、再学习、自主学习和使用工具的能力。

4. 构建"进阶提升"的工程实践体系，服务培养达成

根据大学生工程能力形成的规律和高阶思维训练与养成逻辑，坚持立德树人，按照创新需求—基础理论—工程实践—能力提升的迭代思路，以智能制造、智能机械装备（含智能农机）、工业机器人以及发动机等相关领域项目为牵引，以学生为教学中心，重构了深度工程化创新能力进阶提升实践体系，如图 2-3 所示。

"以学定教"是系统设计实践教学活动的原则。整个实践体系分课内、课外两个环节相互支持、交叉融合进行，强化学生的学习深度参与、实践体验及质量增值。课内包括创新素养的机械工程基础实践与训练、基础专业能力训练、工程思维的工程应用与创新能力训练和探索式的综合工程训练等四个能力递进阶段。课外以自由探索为主，通过在线或翻转课堂自主获取核心知识和拓展知识，开展为期三个阶段的自主式创新实践，培养学生的工程创新素养、工程创新思维和善于

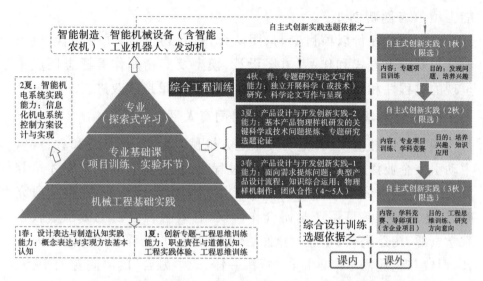

图 2-3　贯穿大学四年的"创新能力进阶提升"实践新架构

解决复杂工程实际问题的能力。通过精深的系统学习和基础工程训练培养学生的实践动手能力;通过产品创新设计和制作培养学生的创新和挑战能力;通过产品整体研制训练,培养学生解决复杂工程问题的能力,提升综合素质,磨炼品格,厚植学生的工程思维、专业素养和通用能力。

5. 创新学习方式,鼓励学生自主探究性学习

借助互联网、虚拟现实等新兴技术重构工程教学领域,突出培养过程的问题导向、案例设计、情境融入、合作参与和项目实践,融工程设计、科研问题/成果及创新创业元素于培养过程的全链条,创设基于问题的探究式学习、基于案例的讨论式学习、基于项目的参与式学习和基于实践的体验式学习等多种方式,鼓励学生自主学习、团队学习和探索式学习,使学生将课程核心知识与实际应用相结合,将课程模块间关联的核心知识点与综合解决复合工程问题相结合,将科学研究与技术研发和产品开发相结合,全方位培养学生的设计工程、工程建造、创新创造、团队合作和项目管理、领导与执行能力。学生在主动探究和创新实践中能实现精神塑造、知识转化、能力增值与创新创业。

学生学业评价以项目参与、团队合作、专题报告、文献整合、项目设计与实施等方式和作品、方案设计、模型及实物制作等标志性成果呈现的过程性和发展性评价为主,保障教学质量持续改进。

6. 深化产学融合,构建多元化协同育人平台

围绕区域经济发展,密切关联地方机械产业链、创新链和教育链,主动引入企业深度参与人才培养全过程,包括校企共同制定人才培养目标、设置课程体系等。与30多家广西机械行业龙头企业、专业研究院、行业协会等签订了产学研合作协议,有效融合广西机械行业教育教学资源,构建高校、企业、行业从入口到出口的全程互动协同育人平台,形成与企业需求高匹配的"资源一体、产学融合"的协同育人平台,如图2-4所示。配齐兼职导师、实践教学场所、实习实训基地、项目开发等产教融合软硬件,推进教学与实践耦合。

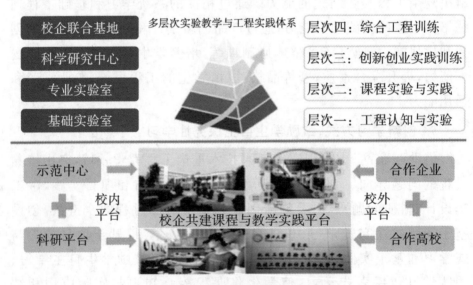

图 2-4 "资源一体、产学融合"的协同育人平台

推进实施产学深度融合、多学科交叉融合、教研学主动融合,遵循社会需求导向,融入广西经济发展的工程机械、发动机、智能农机以及智能制造产业,结合特定技术难题与实践问题,广泛开展研究项目和

创新创业实践,深化企业实习、校企合作和产学合作。学校各类科研实验室、工程中心全面开放,实现学校各级各类重点实验室、工程中心、创新平台间的跨学科密切合作。以国家级实验示范中心和国家级虚拟仿真中心为核心,融合基础实验平台、专业实验平台、大学生创新实验平台、工程实训基地、科研实验基地以及校企合作育人基地,构成多层次实验教学与工程实践支撑平台,支持学生项目、创新创业、学科竞赛,提升机械工程创新人才的研究兴趣、科研能力和实践创新能力,以提高未来社会的适应力和可持续发展力。

7. 构建教师教学-学生培养-用人单位的质量保障与反馈机制

(1) 建立全链条教学保障机制。

针对广西大学机械类人才培养目标、毕业要求、课程体系、教学内容和导师制项目式学习,学院出台了一系列包括培养计划制定、教学过程管理、基层教学组织执行、培养目标、课程达成情况评价等质量保障文件,同时制定了学院级别的《机械本科教育教学质量监控与保障体系》(院〔2018〕3 号)、《机械类本科生导师制工作实施细则》(院〔2019〕5 号)、《机械类本科毕业设计(论文)教学工作的补充规定》(院〔2017〕2 号)、《机械工程学院创新人才培养实验班管理办法》(院〔2018〕11 号)、《机械工程本科生课外创新训练教学工作管理办法》(院〔2017〕15 号)等全方位(包括培养周期、培养过程和多角度)的评价反馈机制,形成完善的培养质量保障体系和组织保障。

(2) 建立学生培养过程评价机制。

通过中国知网、移动技术和学校教学数据信息化系统,建立学生学习立体档案,以数据和事实描述学生的特点、特长和能力,实现学生与导师、CDIO 项目实施与人才成长的创新成果可视化展示,实现创新人才培养过程、人才培养质量监控与评价等可视化管理,形成培养过程动态感知、评价、反馈和持续改进,落实创新人才培养模式的运行与效果。

(3) 建立健全用人单位反馈机制。

通过校友调研、校友访谈、引入麦肯锡等第三方咨询机构和走访校友等形式,建立毕业生校友职业发展跟踪和评价机制、用人单位跟踪反馈机制。

跟踪毕业 5 年以内、5~10 年的毕业生职业发展状况和用人单位评价情况,将毕业生职业可持续发展水平作为衡量学校人才培养能力的重要指标,结合国际专业认证和国际评估,全方位评价学校人才培养工作水平,持续改进人才培养体系和模式。

第3章　新工科背景下地方高校机械类理论教学体系重构

本章首先分析专业认证和新工科建设对工程人才培养的导向与特点,明确在新工科背景下对教学体系进行优化重构的必要性。面向地方特色产业数字化智能化升级改造人才需求,提出了一种以立德树人统领人才培养全过程,两链融合,四级递进、三行协同、三级保障的机械工程创新人才培养模式新架构。以广西大学机械专业为例,介绍新工科背景下地方研究型大学机械类专业教学体系构建的理念与实施路径,为新工科人才培养模式的建立提供借鉴和参考。

3.1　新工科背景下重构地方高校机械类专业教学体系的必要性

为提高工程教育质量,应对国际竞争,促进我国按照国际标准培养工程师,2006 年我国初步建立了工程教育专业认证体系,2012 年筹建了中国工程教育专业认证协会,2013 年我国申请加入《华盛顿协议》并成为预备成员,2016 年成为《华盛顿协议》正式成员。从 2012 年发布第一部工程教育专业认证标准《工程教育认证标准》(2012 年版,试行)以来,历经 2014 版、2015 版、2018 版,我国对《工程教育认证标准》及其配套文件做了一系列修订。我国高等工程教育逐渐和国际理念同频共振、标准实质等效,"成果导向、以学生为中心、持续改进"

教育理念在国内高校已获得广泛共识,培养目标→毕业要求→课程体系→课程目标→课程教学内容与教学模式反向设计和正向施工的人才培养方案设计方法和实施路径被广泛应用,高等工程教育走向规范和成熟。

随着人工智能、大数据、物联网、机器人、云计算、区块链、新材料、生物科技、新能源等新一代技术迅猛发展和国际竞争日趋激烈,全球产业格局深度调整,产业转型升级对高等教育人才的培养提出了新的要求。2017 年,教育部启动了"新工科"建设,推动形成了"复旦共识""天大行动"和"北京指南"。"天大行动"坚持问题导向:问产业需求建专业、问技术发展改内容、问学生志趣变方法、问学校主体推改革、问内外资源创条件、问国际前沿立标准。问产业需求建专业、问学校主体推改革与专业认证要求根据内外需求定培养目标,然后自顶向下制定毕业要求,并与课程体系的主张一致;问技术发展改内容、问国际前沿立标准、问学生志趣变方法与认证的持续改进理念一致;问内外资源创条件与认证标准对师资队伍、支持条件的要求一致。在"天大行动"中提出以立德树人统领人才培养全过程,而在中国工程教育专业认证协会印发的《工程教育认证标准解读及使用指南(2020 版,试行)》中,强调专业要坚持立德树人,引导学生树立社会主义核心价值观;要求专业培养目标应体现德智体美劳全面发展的社会主义事业建设者和接班人的培养总目标;在毕业要求中,学生要树立和践行社会主义核心价值观;专业课程体系要围绕立德树人根本任务,将思政课程与课程思政有机结合,实现全员全程全方位育人;在"师资队伍"标准项中,师德师风是对教师的首要要求。图 3-1 反映了专业认证标准体系中考核的七个方面即学生、培养目标、毕业要求、持续改进、课程体系、师资队伍、支持条件与"新工科 6 问"之间的映射关系。由图可见新工科建设对工程人才培养的理念与专业认证提倡的以学生为中心、以产出为导向、持续改进的育人理念和导向是一致的,两者具有相似性。

专业认证标准体系具有普适性,可为制定高等工程教育人才培养

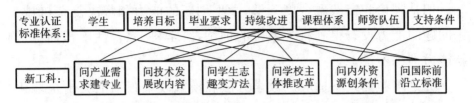

图 3-1　专业认证标准体系与新工科建设之间的映射关系

体系框架和流程提供参考,而新工科教育更加聚焦服务国家"创新驱动发展""中国制造 2025""一带一路"等重大发展战略,以培养未来多元化与创新型卓越工程师、企业家、工程科学家和领军者为目标,确定了以立德树人为引领,以应对变化、塑造未来为建设理念,以继承与创新、交叉与融合、协调与共享为主要途径的建设内涵,这是"复旦共识"所明确的新工科建设的战略意义和核心理念。"北京指南"提出了"更加注重理念引领、更加注重结构优化、更加注重模式创新、更加注重质量保障、更加注重分类发展",为未来工程人才培养要求进一步指明方向。

现有的工程人才培养方案,大多按专业认证标准评价体系框架构建,但与新工科人才培养要求尚有差距:

一是以学生为中心、成果导向、质量持续改进的育人理念贯彻落实不到位,终身学习、个性化学习理念没有完全融入教学设计和教学实施过程,多学科交叉融合理念有待强化,可持续发展绿色工程教育理念尚未牢固树立,缺少应对迅猛的技术变化和复杂国际竞争局势、打造世界工程创新中心和人才高地、提升国家硬实力和国际竞争力、创新引领的理念和信心。

二是人才结构不适应。领军人才、创新拔尖卓越工程人才不足,工程技术人才支撑产业数字化、网络化、智能化转型升级的能力不强,解决新兴跨学科复杂工程问题的能力不足。

三是课程体系和教学内容不适应。课程体系呈层状结构,各课程模块及课程之间的关联衔接不够,教学内容更新较慢,课程边界狭窄,普遍存在知识孤岛现象。

四是理论和实践融合度不够,学生创新的能力和解决复杂机械工程问题的能力没有得到科学系统的训练,跨学科、综合性工程训练、创新能力训练不足。

五是培养模式不适应。教学方法和模式改革跟不上突出全球化、网络化、数字化特征的一系列颠覆性技术的发展,世界先进理论和技术的利用与信息共享不足;工程教育与行业、产业结合不够紧密,人才培养不能适应产业需求,行业、企业的设备技术资源和人力资源没有得到充分利用。

因此,有必要以应对变化、塑造未来作为专业建设和改革的理念,优化重构新工科背景下的人才培养体系,促进立德树人、服务国家战略、引领产业发展与未来技术、学科交叉融合、创新驱动等新工科内涵和导向的落地,为国家经济转型和社会发展提供强有力的人才保障和智力支撑。

3.2　新工科背景下地方高校机械工程创新人才培养模式改革与实施路径

3.2.1　改革思路

(1) 专业教育改革要坚持以立德树人为根本,思政育人贯穿专业人才培养全过程,培养学生的社会主义核心价值观、正确的人生及职业态度、国家使命感、社会责任感和勇于探索的创新精神,培养德智体美劳全面发展的社会主义事业建设者和接班人。

(2) 面向国家重大战略需求,面向制造业发展及世界科技发展前沿,以服务国家重大战略需求与产业转型升级,提升国家经济发展的国际竞争力及科技硬实力为导向,以能力产出为牵引,以培养地方各行各业领军人才和骨干人才为己任,立足地方,服务全国,辐射友好邻邦,面向世界,重构对区域经济发展和产业转型升级发挥支撑作用的专业人才培养体系,明确专业人才培养定位,突显专业的特色及优势。

（3）面向未来的工程科技人才综合能力需求,突破单一学科课程支撑专业教育的传统教育模式,面向学科交叉融合,拓展和模糊课程知识边界;以机械设计制造为主体,引入前沿知识,拓展数字化、网络化、智能化等赋能技术,着力培养学生适应未来社会和专业变化的自我可持续发展的能力和宽广的学术视野。

（4）加强数理化和力学理论基础及思辨能力培养;优化学科经典和基础内容,夯实专业基础;加强课程设计和综合实践环节的设计,实现课程教学高阶性、创新性和挑战性;以项目为驱动,促进学生自主学习、团队式学习和综合素质提升。

（5）品牌优势企业是技术创新的主体,具有先进设备资源、先进的管理模式和高级工程人才优势;行业和一流大学的平台和人力资源也可为地方高校提供支撑。因此,为了加快培养行业领军型和创新型工程人才的培养,需要进一步加强产学研和校企行合作,产学融合,协同创新和协同育人。

（6）压缩毕业学分,缩减课堂教学时间,腾出更多的时间给学生开展个性化学习和参加创新实践活动。改革教学模式,充分利用互联网资源和在线开放课程资源,充分利用虚拟仿真实验技术等,为在校学生强化学习、拓展学习提供丰富的知识、技术资源和多元化的学习方式。

3.2.2　实施路径

1. 建立"两链融合、四级递进"的机械工程创新人才培养新架构

该架构（见图 3-2）以实验课、课程设计、企业工程实践以及创新创

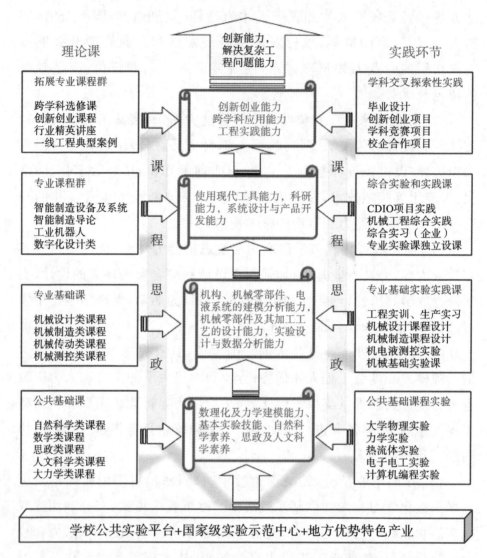

理论课　　　　　　　　　创新能力，　　　　　　　实践环节
　　　　　　　　　　　　解决复杂工
　　　　　　　　　　　　程问题能力

拓展专业课程群　　　　　　　　　　　　　　　学科交叉探索性实践

跨学科选修课　　　　　　创新创业能力　　　　　毕业设计
创新创业课程　　　　　　跨学科应用能力　　　　创新创业项目
行业精英讲座　　　　　　工程实践能力　　　　　学科竞赛项目
一线工程典型案例　　　　　　　　　　　　　　校企合作项目

　　　　　　　　课　　　　　　　　　　　　课

专业课程群　　　　　　　　　　　　　　　　综合实验和实践课

智能制造设备及系统　　　使用现代工具能力，科研　CDIO项目实践
智能制造导论　　　　　　能力，系统设计与产品开　机械工程综合实践
工业机器人　　　　　　　发能力　　　　　　　　综合实习（企业）
数字化设计类　　　程　　　　　　　　　　　程　专业实验课独立设课

　　　　　　　　思　　　　　　　　　　　　思

专业基础课　　　　　　机构、机械零部件、电　专业基础实验实践课
　　　　　　　　　　　液系统的建模分析能力，
机械设计类课程　　　　机械零部件及其加工工　工程实训、生产实习
机械制造类课程　　　　艺的设计能力，实验设　机械设计课程设计
机械传动类课程　　　　计与数据分析能力　　　机械制造课程设计
机械测控类课程　　　　　　　　　　　　　　机电液测控实验
　　　　　　　　政　　　　　　　　　　　　政　机械基础实验课

公共基础课　　　　　　　　　　　　　　　　公共基础课程实验

自然科学类课程　　　　数理化及力学建模能力、　大学物理实验
数学类课程　　　　　　基本实验技能、自然科　力学实验
思政类课程　　　　　　学素养、思政及人文科　热流体实验
人文科学类课程　　　　学素养　　　　　　　　电子电工实验
大力学类课程　　　　　　　　　　　　　　　计算机编程实验

学校公共实验平台+国家级实验示范中心+地方优势特色产业

图 3-2　"两链融合、四级递进"的机械工程创新人才培养新架构

业类课程、科研拓展类课程为载体，以地方优势特色机械产业的数字
化、网络化、智能化升级改造需求为牵引，以产出为导向，将理论课程
链和实践环节有效融合，并且将思政育人贯穿专业人才培养全过程。
通过公共基础课培养学生的思想政治品德、人文素养和科学素养；专
业基础课培养学生针对机械零部件的建模分析能力、设计开发能力以

及实验研究能力;专业课模块培养学生使用现代工具进行产品设计开发的能力、系统思维能力和工程应用能力,强化学生的团队意识和责任感;专业拓展模块通过产学研融合,培养学生终身学习能力、学科交叉综合应用能力、创新创业能力以及解决复杂工程问题能力。除了思政课程,其他所有课程也必须结合自身内容和特点,开展课程思政教学设计,充分挖掘课程所蕴含的思政元素,融入教学内容和教学环节,并通过教学大纲等文件从制度上保证思想政治教育贯穿人才培养全过程,落实立德树人根本任务。

2. 重构虚实结合、四级递进、产学研融合的实验和实践教学体系

系统重构具有地方性综合大学鲜明特色的层次化、模块化、涵盖机械工程专业本科教学主干课程的实验和实践教学体系(见图3-3),形成了虚实结合、线上线下、课内课外、校内校外、开放共享的实验

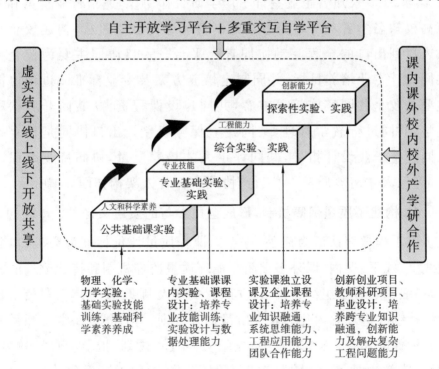

图 3-3　虚实结合、四级递进、产学研融合的实验和实践教学体系

和实践教学新平台,为学生专业能力的达成配置优质教学资源。构建了以"自主开放学习平台＋多重交互自学平台"为载体的网络化开放式自主学习环境。通过融入互联网和虚拟仿真技术极大拓展了学生自主实践的学习环境和师生交流互动的渠道,形成了"学生自主学习""师生现场深层次交流""互进系统协作学习"的泛在性、开放式实验和实践教学。通过产学研的深度融合,实现资源共享和校企共赢。逐级递进、系统建设的实验和实践教学贯穿创新实践能力培养过程的始终,使学生从进校到毕业各个环节都能获得密切联系工程实际的专业实践训练。

3. 校企行"三行"协同,全程互动,提高人才培养的适应性

人才培养围绕区域经济发展,密切结合地方支柱产业需求,广西大学与20多家知名企业签订了产学研合作协议,邀请行业精英和一流高校知名学者参与培养方案的制订和参与教学过程;构建校企行从入口到出口的全程互动协同育人平台。入口协同主要为校企行共同设计专业培养目标,共同制定培养方案及专业标准。过程协同主要是校企共同实施培养方案,共同建设课程资源,共同开展课程教学,共同进行教学管理,共同建立保障机制。出口协同是校企行协同进行毕业设计指导,共同评定人才培养质量,协同持续跟踪改进,确保人才培养质量。"三行"协同合作育人架构如图3-4所示。

4. 构建了质量保障机制,形成全员参与的质量文化

以工程教育认证为抓手,重点以课程质量评价标准为突破口,建设线上、线下、课内、课外多重闭合循环质量监控机制和持续改进的文化,加强基层教学组织建设,建立课程负责人制度,使全体教职员工自觉将持续改进理念内化为教学质量提升准则。构建学校、学院和系三级质量保障体系,具体职责为:校级主要负责规划、指导和督导教风、学风、培养计划、教学计划、教学大纲、学分、学籍及预警等执行情况,并给出改进意见和建议;院级主要负责指导和督导教风、学风、培养计

图 3-4 "三行"协同合作育人的架构

划、教学计划、教学大纲执行情况,并给出改进意见和建议,同时还负责试卷、课程设计、毕业设计等档案材料管理制度的制定等;系级主要负责培养计划,课程大纲及课程质量评价标准,达成情况评价制度,教学研讨制度,教学设计,证据链的收集、分析与实施持续改进目标的制定,将质量保障落实到最后环节。

通过校外循环持续改进培养目标,保证其符合学校定位和社会经济发展需求;通过校内循环持续改进毕业要求,保证其始终符合培养目标;通过课内循环持续改进课程体系和课程教学,保证其始终符合毕业要求,保障人才培养质量。图 3-5 所示为基于 OBE 的教学质量监控和反馈体系。

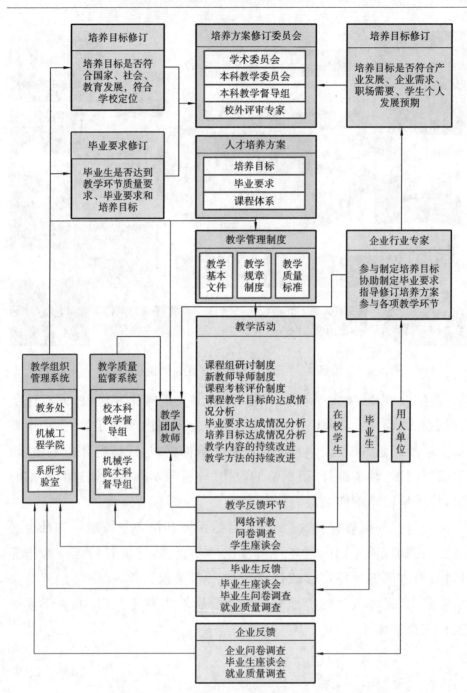

图 3-5　基于 OBE 的教学质量监控和反馈体系

3.3　新工科背景下广西大学机械专业创新人才培养模式改革与实践

　　广西大学是广西办学历史最悠久、规模最大的综合性大学,是广西唯一的国家"211 工程"建设学校、世界一流学科建设高校、教育部和广西壮族自治区人民政府"部区合建"高校,学校在服务亚热带特色资源保护利用与产业升级、服务面向以东盟为重点的"一带一路"建设、服务南海及北部湾海洋资源开发与生态环境保护、服务边疆民族地区治理和团结进步方面成果显著,办学特色鲜明,科研优势明显。为全面贯彻党的"十九大"提出的要"加快一流大学和一流学科建设,实现高等教育内涵式发展"精神,2017 年 6 月广西壮族自治区审批印发《广西大学综合改革试点方案》《广西大学推进一流大学和一流学科建设方案》,广西大学进入"双一流"建设高校的内涵式发展新阶段,发展目标是"建设布局合理、特色鲜明的一流综合性研究型大学"。

　　广西大学机械设计制造及其自动化专业是广西大学的传统优势专业和重点发展专业,是国家级和自治区级特色专业,是国家级一流专业建设点。为贯彻落实党的"十九大"精神和"坚持以中国特色、世界一流为核心,以立德树人为根本,以支撑创新驱动发展战略、服务经济社会发展为导向"的新工科建设要求,围绕学校"建成布局合理、特色鲜明的一流综合性研究型大学"的发展定位和"高水平、有特色"的办学要求,根据广西地方和国家经济建设发展需要,启动新的本科专业人才培养方案制定工作。

　　本节主要介绍广西大学机械设计制造及其自动化专业在新工科背景下,紧密结合区域、地方重大战略需求和学校发展定位,对专业培养目标、教学体系和教学模式进行调整优化的实施路径,为地方高校机械专业新工科人才培养模式的建立提供借鉴和参考。

3.3.1　培养方案制定过程

培养方案制定过程包括启动阶段、调研阶段、初步方案制定阶段、审查修改阶段，最后定稿。

1. 启动阶段

启动阶段应组织专业教师学习：习近平总书记关于提高人才培养质量的系列讲话精神，全国教育大会和新时代全国高等学校本科教育工作会议精神。学习领会国家实施新工科建设的战略意义和实质内涵，明确新工科背景下优化重构人才培养体系的重要性和必要性；围绕广西大学"立足广西，服务全国，辐射东盟，面向世界，培养德智体美劳全面发展，具有社会责任感、法治意识、创新精神、实践能力和国际视野的领军型、创新型、复合型高素质人才"的人才培养总目标开展学习讨论。

2. 调研阶段

（1）通过实地调研和面对面座谈交流，调查研究国内湖南大学、浙江大学、重庆大学、哈尔滨工业大学、天津大学、燕山大学等多所一流大学机械专业的培养计划，通过网络查询了佐治亚理工大学、伊利诺伊大学、普渡大学机械专业的培养计划，主要是了解这些学校机械专业的总学分、课程体系、实践环节、课程内容优化改革思路等，为本专业培养方案修订提供参考。

（2）专业骨干教师参加"机械设计制造及自动化专业教学委员会教学研讨会""全国机械工程学院院长系主任联席会""国际机械工程教育大会""智能制造工程专业人才培养研讨会"等，通过会议交流学习了解上海交通大学、同济大学、大连理工大学、华中科技大学、吉林大学、重庆大学、合肥工业大学等知名高校的培养方案制定的思路，课程设置的前沿性、层次性、融合性和交叉性等，学习先进高校的经验，重点了解传统课程的改革和智能制造、大数据、机器学习等课程的设置和安排。

（3）专业骨干教师分头到西门子数字化工厂及创新中心、中国一汽轿车股份有限公司、中国中车集团长春轨道客车股份有限公司、博世力士乐(常州)有限公司、潍柴动力股份有限公司以及广西的上汽通用五菱公司、广西汽车工业集团公司、柳工机械股份有限公司、东风柳汽股份有限公司、柳钢股份有限公司、玉柴机器股份有限公司、南宁轨道交通公司等先进企业进行考察调研,深入了解数字化、网络化、智能化制造技术及理论在现代企业中的应用和发展现状,了解现代制造对机械类人才知识和能力培养的新要求。

(4) 广泛征求国内外知名高教专家学者和广西壮族自治区内外十多家用人单位和部分毕业生对专业培养目标、课程体系、课程内容等的修订意见和建议,经专业建设小组统计分类、学院教指委讨论通过后应用于培养方案修订。

在上述调研工作基础上形成培养方案的总体修订思路:

①基于新工科的理念和现代制造的发展要求,融入人工智能、大数据等课程,重构新型的教学体系,拟定新的人才培养体系。新体系既要强化基础课程又要注重交叉学科的应用技术,既要紧跟前沿科技发展又要强调转化自身特色优势,以期为地方机械制造业发展输送骨干领军人才,符合学校培养"五有领军人才"的办学定位。

②基于国家级机械工程实验示范中心和学校新建的力学中心、计算中心、柔性生产线、特种加工及机器人训练平台、智能网联、数据采集与感知训练平台、现代制造数字化设计仿真软件平台,课程新体系突出学科知识交叉融合,以地方产业升级改造需求为牵引,以产出为导向,增强理论课程与实验教学的紧密结合。课程之间的联系以复杂机电产品解决方案为主线,将专业课程知识体系贯穿于互联网+智能化、数字化的智能制造模式的知识构架中,以教学课程、实验技术、智能制造设备及测试手段、工程软件构筑完整的专业课程体系,体现制造过程的交叉、并行、协同和有机联系。

③整合传统机械基础课程内容,腾出学时学分给新增的智能制造、数据采集与感知、工业互联网与大数据处理等新兴课程。从工程认证的要求出发,课程内容必须满足课程目标对毕业要求的支撑。总学分力争从原来的170压缩到150左右,增加学生个性化学习、自主

学习时间和参加创新创业实践活动时间。

3. 初步方案制定阶段

在调查分析的基础上,组织本专业教师认真研讨、严密论证,理清专业培养计划修订建议和意见,明确培养计划修订的目标和重点,初步制定培养计划,并提交院教学指导委员会讨论和论证。

4. 审查修改阶段

培养计划初稿经学院教学指导委员会、学校教学指导委员会等多个层级的反复讨论和沟通,并征询行业专家、用人单位、毕业生的意见,在此基础上,各专业又反复进行讨论、整合、优化,重点解决专家提出的问题。修改稿最后提交教务处审核定稿。

3.3.2　培养目标

广西大学机械设计制造及其自动化专业最新制定的培养目标是:培养能主动适应未来机械科学技术发展和国家建设发展需要,掌握宽厚的科学基础理论和扎实的机械设计、制造及其自动化专业知识与应用能力,具有社会责任感、法治意识、创新精神、国际视野、沟通交流能力、组织管理能力、自主学习和终身学习能力,德智体美劳全面发展,在机械工程及相关领域从事复杂机电产品与装备的设计、制造、生产组织和管理、技术服务和技术开发、工程应用研究等工作,具有推动地方机械制造业发展潜能的领军人才。培养目标的制定依据如下所述。

1. 基于社会经济发展的需要

机械工业是国家重要的基础工业,是体现国家综合实力和竞争力的重要产业之一。我国目前正面临着从"制造大国"向"制造强国"转变的关键时期。为了实现"制造强国"的目标,国家出台了一系列的政策和措施,国务院出台的《关于振兴装备制造业的若干意见》指出:以专业人才培养为重点,加强技术创新队伍建设。各级、各类教育机构要高度重视基础教育和人才培养,支持国家重大技术装备人才培养基地建设。因此,随着"制造强国"发展规划的实施,对高素质机械类专业人才,尤其是高素质的机械设计制造及其自动化专业人才的需求越来越迫切。

建设制造强国,人才是根本保障。《中国制造 2025》纲要明确提出要大力建设"掌握先进制造技术的国际型、复合型、高素质专业技术人才"队伍,着重加大对高端紧缺专业技术创新型人才的培养力度。按照纲要的设想和规划,未来的制造将是一种基于现代信息技术的智能制造,作为"互联网十"时代下的工业创新发展的一种新模式,它不但会引领制造方式产生颠覆性变革,还会重塑制造业的产业链和价值链体系;工业化、信息化、数字化、智能化技术的融合将是未来制造业信息物理融合中的关键技术,因此本专业毕业生必须"掌握宽厚的科学基础理论和扎实的机械设计、制造及其自动化专业知识与应用能力",具备"国际视野、创新精神、较强的合作与交流能力、终身学习能力"以适应未来技术发展的需要,具备"良好的人文素质、职业道德、社会责任感、法治意识"才能支撑国家绿色制造、可持续发展的重点发展战略,"德智体美劳全面发展"以立德树人为根本来培养学生的社会主义核心价值观,毕业生方能担负起实现中华民族伟大复兴的中国梦的历史重任。

2. 基于学校的发展定位

基于学校"建成布局合理、特色鲜明的一流综合性研究型大学"的发展定位和"高水平、有特色"的办学要求,根据广西地方和以东盟为重点的"一带一路"建设发展需要,以培养广西机械行业领军人才和骨干人才为己任,坚持立足广西,服务全国,辐射东盟,培养德智体美劳全面发展,能主动适应广西和国家建设及经济发展需要,掌握宽厚的科学基础理论和扎实的机械设计、制造及其自动化专业知识与应用能力,具备良好的人文素质、职业道德、社会责任感、法治意识、国际视野、创新精神和较强的合作与交流能力,毕业后能在机械工程及相关领域从事设计、制造、技术开发、工程应用研究、生产管理、技术服务等工作的高级工程技术人才。专业培养目标符合学校定位,能体现学校强调的"社会责任感、法治意识、创新精神、实践能力和国际视野"五有领军人才核心能力,也明确了本专业毕业生就业的领域、职业特征、职业定位和应该具备的职业能力。在专业培养目标中强调"掌握宽厚的科学基础理论"与学校"一流综合性研究型大学"定位对应;考虑到本专业的学科特点、原有基础和现有资源,本专业培养目标将毕业生从事"研究"工作的性质定位为"工程应用研究";基于学校的"建设中国特色世界一流大学的要求"、重点培养"五有领军型人才"的定位目标,学生的培养目标最终定位为"培养具有推动地方机械制造业发展潜能的领军人才"。

3. 基于毕业生的表现及社会评价

本专业毕业生具有较强的就业适应性和竞争力,连续多年就业率保持在 90% 以上,本专业在广西大学一直是用人单位需求最旺盛的专业之一。机械、汽车、轨道交通、柴油机、特色高端农机装备等产业是广西的优势支柱产业,是广西重点打造的名片,强大的机械集群生产基地成为本专业培养多元化机械类人才的丰富资源和沃土,同时也为我们的毕业生提供了广阔的就业空间。另外,从近几年学生的就业分布来看,在广西就业的毕业生为 40%～50%,在广东就业的毕业生为 20%～25%。直接就业的毕业生主要集中在汽车、工程机械、轨道交通、电子电气等领域,大部分毕业生所从事的工作与本专业紧密相关,毕业生在工作 4～5 年后,普遍表现出良好的职业发展态势,是所在单位的技术或管理骨干,符合本专业培养目标的预期成效。

根据用人单位多种形式的反馈评价,他们普遍认为本专业毕业生理论基础和专业知识扎实,专业技能突出,踏实肯干,能吃苦耐劳,责任心强,创新意识和团队协作精神都很好,后劲足、成长快,大多数毕业生进入公司 4～5 年可达到工程师水平,成为企业的技术、管理骨干。这些都构成了本专业毕业生在就业市场上的竞争优势,为本专业培养目标的制定提供支撑。

3.3.3 课程体系

广西大学机械设计制造及其自动化专业经过多年的建设和教学改革实践,已形成了目标明确、特色鲜明的办学思路与人才培养体系。本专业培养方案在修订过程中,根据学校发展定位、《工程教育专业认证标准》(2018 版)、《工程教育认证通用标准解读及使用指南》(2020 版),以及新工科背景下对创新人才的需求,对课程体系和内容进行了认真的分析、研讨,征求并采纳了企业界、教育界专家的建议和意见,制定了"高起点、厚基础、强实践、突出能力、注重创新、学科交叉、追踪前沿"的指导方针,按照"需求导向,产出导向、两链融合、四级递进"的架构和"逆向设计,正向施工"的逻辑重构课程体系,强化课程内涵建设,增强课程间的有效衔接,增加学生创新实践机会和自主选择学习的空间,所设置的课程体系和内容力求能够为专业培养目标服务,课程的内容及考核方式可有效支撑各项毕业要求的达成,最终实现人才培养目标。

课程体系包括理论课程和实验实践课程两大类:理论课程包括公共基础课程(通识类＋数学与自然科学类＋力学类)、专业基础课程、专业课程、拓展专业课程四大模块;实验实践课程包括公共基础课程实验和实践、专业基础课程实验和实践、综合实验和实践、学科交叉探索性实验和实践四个层级。以下分别对各课程模块进行简要介绍,并重点对优化调整的内容进行说明。

1. 公共基础课程

1) 通识教育必修课程

通识教育课程体系旨在培养学生的思想修养、思维方式、健康体魄、优良作风、基本知识和文化素质,包括通识教育必修课程和通识教育选修课程。通识教育必修课程包括思政类课程、体育、大学英语、心理素质与生涯发展、计算机等。

(1) 思想政治理论课。

严格按照《中共中央宣传部、教育部关于进一步加强和改进高等学校思想政治理论课的意见》(教社政〔2005〕5 号)、《中共中央宣传部教育部关于印发〈普通高校思想政治理论课建设体系创新计划〉的通知》(教社科〔2015〕2 号)、《教育部关于印发〈高等学校马克思主义学院建设标准(2017 年本)〉的通知》(教社科〔2017〕1 号)和《教育部关于印发〈新时代高校思想政治理论课教学工作基本要求〉的通知》(教社科〔2018〕2 号)要求,结合我校实际情况,积极探索思想政治理论课实践教学改革的新模式。在总学时不变的情况下,单独设立"马克思主义理论与实践"课程,注重专业知识与社会实践的融合创新,不断提高教学质量和效果。

除了思政课程,其他所有课程按学校要求必须结合自身内容和特点,开展课程思政教学设计,充分挖掘课程所蕴含的思政元素,融入教学内容和教学环节中,并在大纲的"教学方案设计"栏目中予以标识,原则上每门课不少于 5 个思政育人典型案例,从制度上保证思想政治教育贯穿人才培养全过程,落实立德树人根本任务。

(2)大学计算机基础。

大学计算机基础包含三部分教学内容。

①计算机基础知识、常用办公软件的使用。由计算机中心实验老师负责组织两次测试,取最高分作为测试最终成绩,并计入平时成绩。

②计算概论:学校提供教材和习题集,并建立辅助的在线课程或微课库供学生自学,内容包括计算机体系结构、硬件基础、软件基础、网络组成等知识。

③拓展模块:包含人工智能和大数据相关教学内容,常用教材为《大学计算机(Python 程序设计)》。

(3)大学英语。

大学英语实行 4~8 学分弹性学分制。普通本科生入学后在英语课程两年正常修读期内需参加全国大学英语四级或六级考试(或雅思、托福等国际权威英语等级考试)。学生的全国统考四级(CET4)笔试成绩≥480 分或六级(CET6)笔试成绩≥450 分,且至少完成和通过了 2 门共 4 学分的英语课程学习后,凭有效成绩证明即可申请以 4 学分完成大学英语必修课程的修读。此类学生在修读获得 4 学分后,仍可通过不同方式保持英语学习四年不断线,如自愿缴费在正修课时间段内修读多于必修的 2 门英语课程(含基础英语类和高级英语类),或参加后续英语选修课程、双语专业课程、全英专业课程的学习等,并可任选其中两门成绩最高的课程作为毕业课程成绩计算绩点。

两年正常修读期内未达到 4 学分制修读条件但通过了全国大学英语四级考试的学生(CET4 达 425 分),从第三学期起可以不再修读基础英语类课程,而逐级修读更利于能力发展的高级英语类课程(高级英语(一)、高级英语(二)),直至完成 8 学分的必修课程学习。

两年正常修读期内未达到 4 学分制修读条件也未通过全国大学英语四级考试的学生,只可以修读基础英语类课程,直至完成 8 学分的必修课程学习。

(4) 心理素质与生涯发展。

由"大学生心理健康教育"与"大学生就业与创业指导"2 门课程构成,共计 1 学分,各占 50%,合成总成绩。其中"大学生心理健康教育"根据教育部办公厅关于印发《普通高等学校学生心理健康教育工作基本建设标准(试行)》文件要求由学生工作处组织教学;"大学生就业与创业指导"根据《大学生职业发展与就业指导课程教学要求的通知》文件精神及要求,由招生就业指导中心组织各学院开设,根据大学生的学习特点和成长规律,进行全程化教学。

2) 通识教育选修课程

通识教育选修课程旨在加强大学生人文素质教育和逻辑思维训练,使学生具备运用法律、法规、伦理、经济、环境、可持续发展等相关知识分析解决工程问题的思辨能力。为充分发挥地方综合型高校通识教育优势与特色,结合学校"五有领军人才"培养目标和学校整体定位,构建"通识选修课程"体系,包括创新创业基础知识模块、领军人才素质教育模块、中国东盟历史文化与社会发展模块、海洋知识与可持续发展模块、广西少数民族文化与现代发展模块、经济与管理模块等,累计应修学分不少于 8 学分,其中"创业基础""中文写作实训""逻辑与批判性思维"为每个学生的必选课。

3) 数学与自然科学类课程

此类课程旨在培养学生的科学素养,掌握数、理、化及力学建模能力,训练学生的逻辑思维能力,强化学生的学术基础。包括高等数学、线性代数、概率论与数理统计、计算方法、复变函数与积分变换、大学物理、普通化学等。

4）大力学类课程

此类课程包括"理论力学""材料力学""流体力学""机械振动学""有限元分析"等系列课程，夯实学科理论基础，有利于学生科研能力和可持续发展能力的培养。增加"理论力学"学分，增加的学时用于加强达朗贝尔原理和虚位移原理的教学，为后续工业机器人等课程教学奠定坚实的理论基础。其他力学课程如"机械振动学""有限元分析"的教学内容包含线性和非线性静力学、弹塑性力学、机械动力学、流体力学等内容，综合性较强，利于学科交叉知识综合应用能力的培养。

2. 专业基础课程

该模块主要使学生掌握核心专业基础理论，培养学生机构、机械零部件、电液系统的建模分析能力，机械零部件及其加工工艺的设计能力。专业基础课程主要包括机械制图、互换性与技术测量、电子电工学、材料科学与工程基础、热工学基础、机械原理、机械设计、机械制造技术基础、传感与检测技术、控制工程、液压传动、机械电气自动控制、数控机床与编程、智能制造导论等。

我们将部分课程进行了优化调整，添加了机械行业未来发展的关键元素，突出物理设备智能化、轻量化的关键技术，比如将"金属工艺学""制造工艺设计方法"整合到"机械制造技术基础""机械工程材料"等课程内，"计算机集成制造"三维造型部分整合到"机械制图"课程，余下内容与"数控机床与编程"合并；通过优化课程结构和课程内容，专业基础课减少了 6.5 学分；另外通识课也通过改革现代教学模式减少 6 学分，总共压缩出 12.5 学分用于增设人工智能与大数据、机械电气自动控制、智能制造导论、智能制造设备及系统等课程。

3. 专业课程

专业课程的设置主要考虑面向广西地方和华南、西南地区制造业产业升级改造所需要的计算机辅助设计、信息化管理以及智能制造方面的人才需求，培养学生使用现代工具的能力，综合运用机械、控制、通信、人工智能等知识从事项目研究、系统设计与产品开发的能力。

专业课程主要包括有限元分析、虚拟样机技术、生产系统信息化技术、增材制造、工业机器人、智能制造设备及系统等。

4. 拓展专业课程

学生通过该模块课程的学习,并综合应用前期的学习掌握的理论知识和技能,进一步加强创新创业能力、跨学科应用能力、工程实践能力的训练,具体包括创新实践课程、一线工程典型案例教学、行业精英讲座、导师制课程、跨学科选修课等。

创新创业实践课程为 2 学分。它是本科生在校期间参加第一课堂外的各类活动,取得具有一定创新意义的智力劳动成果或其他优秀成果,经学校评定获得的学分,可通过科研论文或专利授权、学科竞赛获奖、职业资格证书、创业实践等方式获得。

"一线工程师典型案例教学"主要通过精选机械工程实践中新产品开发、现代工艺设计、现代企业管理等方面的综合性问题,邀请企业工程师做专题讲座,让学生运用所学的知识解决工程实际问题,学习先进企业文化,并培养学生在设计过程中综合考虑经济、环境、法律、安全、健康、伦理等制约因素的能力和工程师的职业责任感,了解新技术和现代企业管理模式在企业应用的最新进展和发展规划,培育创新精神,增强自主学习和终身学习的意识。

"行业精英讲座"主要针对机械设计制造及其自动化各研究领域的前沿热点问题与重点难点问题,邀请行业专家做专题讲座,使本专业的学生能够及时广泛了解本专业的发展动态、技术前沿、研究应用热点以及当今国内机械工程领域所取得的重大成就,拓展学生的视野和思维,培育创新精神,启发科研思路,激发学生的学习热情。同时,学生通过与行业精英的面对面交流,学习和感受大师的科学态度、科学思维和职业精神。

导师制课程以项目为载体,每个学生在导师指导下开展机械设计与创新项目研究,执行期从第 6 学期开始,到第 9 学期结束。项目来源于学科竞赛、教师科研课题、大学生创新创业项目等。要求本学科教师每人以团队形式指导 5 名左右学生,按照"构思—设计—制作—

运行"的产品（系统）开发过程,进行产品设计、软件开发或实验研究,最后提交研究报告。

跨学科选修课以拓宽学生的知识面,改善知识结构为目的,学生可在导师指导下进行选择,也可以根据学科竞赛需要或个人职业规划等需要自行选择。由于新修订的毕业总学分150学分较原来的170学分大幅减少,因此学生还可以通过辅修第二专业获得更多分跨学科知识以及更多的综合实践能力的训练。

5. 实验实践课程体系

根据专业实验技能、科研能力和实践创新能力形成的规律可构建四个层级的实践教学体系,即公共基础课程实验和实践、专业基础课程实验和实践、综合实验和实践、学科交叉探索性实验和实践模块。

公共基础课程实验和实践模块包括:大学物理实验,力学实验,热流体实验,电子电工实验,计算机编程实验。此模块主要培养学生基础实验技能,使学生掌握基本的科学实验方法。

专业基础课程实验和实践模块包括:工程实训,生产实习,机械设计课程设计,机械制造课程设计,机电液测控基础实验,机械基础实验课程。专业实验技能训练主要培养学生的实验设计与数据处理能力,以及机构、机械零部件、电液系统的建模分析能力,机械零部件及其加工工艺的设计能力。

综合实验和实践模块包括:导师制项目,实践机械工程综合实践,企业综合实习,系列专业实验课独立设课综合性设计性实验。该课程模块主要培养学生的专业知识融通,系统思维能力、工程应用能力、团队合作能力、沟通交流能力、项目组织和管理能力。

学科交叉探索性实验和实践模块包括:毕业设计、创新创业项目、学科竞赛项目、校企合作项目。该模块主要培养学生自主学习、跨专业知识融通、创新能力及解决复杂工程问题的能力。

优化重构的课程体系,体现了新工科强调"立德树人""国家战略""前沿技术引领性""学科间交融性""知识体系多样性""人才培养创新性"等核心内涵,对本专业的毕业要求和培养目标也形成了强有力的支撑,见表 3-1。

表 3-1 课程体系对毕业要求的支撑情况

毕业要求		支撑毕业要求的课程体系
一级指标点	二级指标点	
1. 工程知识:掌握数学、自然科学、工程基础以及专业知识,并能将其用于解决复杂机械工程问题	1.1 掌握数学知识并能将其用于解决机械工程问题	高等数学 A(上)
		高等数学 A(下)
		线性代数
		概率论与数理统计
		计算方法
		有限元分析
	1.2 掌握物理、化学等自然科学基础知识并能将其用于解决机械工程问题	大学物理(上)
		大学物理(下)
		大学物理实验
		普通化学
		热工学基础
	1.3 掌握工程基础知识,并能将其用于解决机械工程问题	机械制图
		理论力学
		材料力学
		流体力学
		热工学基础
		电工电子学
		材料科学与工程基础
	1.4 掌握机械设计、制造及其自动化领域的专业知识,能将其与数理基础和工程基础等知识相结合,综合应用于解决复杂机械工程问题	机械设计
		机械制造技术基础
		控制工程
		液压传动
		机械电气自动控制
		数控机床与编程
		智能制造技术基础

毕业要求		支撑毕业要求的课程体系
一级指标点	二级指标点	
2. 问题分析：能够应用数学、自然科学和工程科学的基本原理，识别、表达，并通过文献研究分析复杂机械工程问题，以获得有效结论	2.1 能够应用数学、自然科学和工程科学的基本原理和方法，对机械设计、制造及其自动化领域/系统的复杂工程问题进行识别和描述	计算方法
		理论力学
		材料力学
		流体力学
	2.2 能够运用工程科学的基本原理和方法，对机械设计、制造及其自动化领域/系统的复杂工程问题进行分析和表达	热工学基础
		机械原理
		测试技术
		液压传动
	2.3 能够针对机械系统，选择、建立适当的模型，并对模型进行严谨的推理，给出解答	控制工程
		机械原理
		计算方法
		有限元分析
		智能制造技术基础
		企业综合实习
	2.4 能够通过文献查阅、分析、实践，对复杂工程问题的影响因素和关键环节（要素）等进行分析鉴别，并获得有效结论	机械制造技术基础课程设计
		毕业设计(论文)
		导师制课程
		机械工程综合应用实践

续表

毕业要求		支撑毕业要求的课程体系
一级指标点	二级指标点	
	3.1　能够对机械系统、产品、部件或机械加工工艺及装备进行深入分析,确定相应的设计内容和技术路线	机械原理课程设计
		机械制造技术基础课程设计
		企业综合实习
		毕业设计(论文)
3. 设计/开发解决方案:能够针对机械系统、产品、部件或机械加工工艺及装备等复杂工程问题,设计和开发符合特定需求的解决方案,并能够在设计环节中体现创新意识,考虑社会、健康、安全、法律、文化以及环境等因素	3.2　能够在社会、健康、安全、法律、文化以及环境等现实约束条件下,通过原理、结构、工艺路线等方面的类比、改进或集成等方式提出多种解决方案,并对方案进行分析、论证,确定合理的解决方案;能够在设计环节中体现创新意识	机械原理课程设计
		机械设计课程设计
		企业综合实习
		机械制造技术基础课程设计
	3.3　能够对解决方案进行技术参数的设计计算,完成机械系统、产品、部件或工艺规程的设计	机械制造技术基础
		数控机床与编程
		机械原理课程设计
		机械设计课程设计
		机械电气自动控制
	3.4　能够用工程图纸、设计说明书、软件、模型等形式,呈现设计/开发结果	计算机绘图
		机械制造技术基础课程设计
		机械原理课程设计
		机械设计课程设计

毕业要求		支撑毕业要求的课程体系
一级指标点	二级指标点	
4. 研究:能够基于科学原理并采用科学方法对复杂机械工程问题进行研究,包括设计实验、分析与解释数据,并通过信息综合得到合理有效的结论	4.1 能够基于科学原理,通过文献检索和调研,掌握复杂工程问题的研究现状及发展趋势,提出研究计划	机械电气自动控制实验技术
		导师制课程
		毕业设计(论文)
	4.2 能够根据实验目的,设计实验方案	材料力学
		互换性与技术测量
		数控加工实验技术
		机械工程综合应用实践
		大学物理实验
	4.3 能够根据实验方案搭建实验系统,并能安全地开展实验,正确地采集实验数据	材料力学
		机械制造技术基础
		机电液分析与测控实验技术
		机械工程综合应用实践
	4.4 能够正确处理实验数据,对实验结果进行合理分析和解释,并通过信息综合,得出有效结论	机械设计
		机电液分析与测控实验技术
		机械工程综合应用实践

续表

毕业要求		支撑毕业要求的课程体系
一级指标点	二级指标点	
5. 使用现代工具：能够针对复杂机械工程问题，开发、选择与使用恰当的技术、资源、现代工程工具和信息技术工具，包括对复杂工程问题的预测与模拟，并能够理解其局限性	5.1　了解和掌握现代机械产品设计、制造及自动化所需的工具及方法	机械原理课程设计
		机械设计课程设计
		智能制造技术导论（英语课）
		数控机床与编程
		计算方法
		大学计算机基础（程序设计）
	5.2　能够利用现代信息技术及工具，开发、选择与使用恰当的工程工具和专业模拟软件，对复杂工程问题进行分析、计算与设计	计算机绘图
		机械工程综合应用实践
		数控机床与编程
		有限元分析
		毕业设计（论文）
	5.3　能够针对复杂工程问题，选择恰当的技术和工具，对其进行建模、模拟和预测，能够正确理解和分析其结论，并能够理解其局限性	数控机床与编程
		有限元分析
		智能制造技术基础
		机电液分析与测控实验技术

毕业要求		支撑毕业要求的课程体系
一级指标点	二级指标点	
6. 工程与社会：能够理解工程与社会的相互作用关系，以及机械工程专业科技工作者所应承担的社会责任。能将相关理念应用于机械产品设计开发及运行的全过程，并能从技术和社会等多个角度，对专业工程实践和复杂工程问题解决方案进行合理性评价	6.1　了解专业相关领域的技术标准体系、知识产权、产业政策和法律法规，理解不同社会文化对工程活动的影响	形势与政策
		材料科学与工程基础
		互换性与技术测量
		一线工程师典型案例教学
		机械工程概论
	6.2　能够分析和评价针对复杂机械工程问题的工程实践对社会、健康、安全、法律、文化的影响，并能理解工程科技人员应承担的社会责任	工程训练
		生产实习
		企业综合实习
		一线工程师典型案例教学
		形势与政策
7. 环境和可持续发展：能够理解和评价针对复杂工程问题的专业工程实践对环境、社会可持续发展的影响	7.1　了解国家有关环境保护和社会可持续发展的法律、法规、政策，理解环境保护和可持续发展的理念和内涵	机械工程概论
		海洋知识与可持续发展理念
		机械制造技术基础课程设计
	7.2　在工程设计、开发和生产过程中，能够站在环境保护和可持续发展的角度思考专业工程实践的可持续性，评价针对复杂工程问题的解决方案对环境、社会可持续发展的影响	企业综合实习
		毕业设计（论文）
		思想道德修养与法律基础

续表

毕业要求		支撑毕业要求的课程体系
一级指标点	二级指标点	
8. 职业规范:具有健康的体魄,正确的人生观、世界观,良好的人文社会科学素养、社会责任感,能够在工程实践中理解并遵守工程职业道德和规范,履行责任	8.1　树立正确的人生观、世界观、价值观,勤恳忠诚,具备良好的思想道德和积极的人生态度	马克思主义基本原理概论
		毛泽东思想和中国特色社会主义理论体系概论
		习近平新时代中国特色社会主义思想概论
		中国近现代史纲要
	8.2　具有良好的心理素质和身体素质,具备良好的人文社会科学素养,富有社会责任感	体育
		心理素质与生涯发展
		人文社会科学通识必选课
		机械工程概论
	8.3　理解工程职业道德的含义及其影响,理解工程师的职业性质和责任,能够在工程实践中遵守工程职业道德和规范,履行责任	工程训练
		生产实习
		企业综合实习
9. 个人和团队:能够在多学科背景下的团队中承担个体、团队成员以及负责人的角色	9.1　正确理解个人与团队的关系,理解团队合作的重要性,具备良好的团队合作意识和能力	心理素质与生涯发展
		机械制造技术基础课程设计
		机械设计课程设计
	9.2　能够完成在多学科背景团队中所承担的任务	导师制课程
		创新创业实践
		企业综合实习
	9.3　能够合理进行项目的任务分解和计划实施,并具备团队组织管理能力	机械制造技术基础课程设计
		导师制课程
		中文写作实训

毕业要求		支撑毕业要求的课程体系
一级指标点	二级指标点	
10. 沟通:具备机械工程及相关领域的技术沟通和交流能力,并具有一定的国际视野,能够在跨文化背景下进行沟通和交流	10.1　具备良好的表达能力和沟通技巧,能够就机械工程问题与同行及社会公众进行有效沟通和交流	大学英语
		智能制造导论(英语课)
		机械制造技术基础课程设计
	10.2　能够利用工程图纸、设计报告、软件、模型等载体,或通过讲座、报告等形式,面向国内外同行及社会公众,就技术或工程问题进行有效沟通	导师制课程
		毕业设计(论文)
		创新创业实践
		大学英语
	10.3　掌握一门外语,具有较强的阅读能力和书面表达能力,能熟练阅读和翻译机械专业相关的技术资料和文献,具备一定的口语交流能力	毕业设计(论文)
		智能制造导论(英语课)
		大学英语
	10.4　了解不同文化,具有一定的国际视野,能够在跨文化背景下进行沟通和交流	智能制造导论(英语课)
		行业精英讲座
		互换性与技术测量

续表

毕业要求		支撑毕业要求
一级指标点	二级指标点	的课程体系
11. 项目管理:理解并掌握工程管理原理与经济决策方法,并能在机械产品开发所涉及的多学科环境中应用	11.1　了解机械工程相关的工程标准,理解机械工程项目的多学科特性,理解管理在工程技术活动中的作用	机械工程概论
		智能制造导论(英语课)
		行业精英讲座
		生产实习
		通识限选课:工程经济与管理类课程
	11.2　掌握工程管理的基本原理和基本方法,理解工程活动中的经济规律,掌握基本的经济决策方法	创新创业基础
		一线工程师典型案例教学
		机械制造技术基础课程设计
	11.3　能够在具有多学科环境属性的复杂机械产品开发中开展项目进度管理、任务管理等	导师制课程
		创新创业实践
		马克思主义基本原理
12. 终身学习:具有自主学习和终身学习的意识,有不断学习和适应发展的能力	12.1　正确认识自我探索和学习的必要性和重要性,具有自主学习和终身学习的意识	心理素质与生涯发展
		行业精英讲座
		企业综合实习
	12.2　掌握正确的学习方法,具备主学习能力,能够通过学习不断提高,适应工程技术的发展	导师制课程
		创新创业实践
		毕业设计(论文)
		机械工程综合应用实践

第4章 新工科背景下机械类实验和实践教学体系重构

4.1 概　　述

目前传统机械类实验教学存在许多弊端:传统实验课程依附于理论课程,是理论教学的辅助手段,实验教学目标大都停留在加深学生对理论知识的理解和验证阶段。在实验教学过程中,学生的任务只是完成教师规定的学习内容,学生是被动地参与而不是积极主动地加入。实验课程的设置往往强调服务于理论教学的价值,而忽视了实验课程服务于具有高度综合素质和创新思维能力人才培养的特殊要求的价值,以及服务于学生个性发展的价值。同时实验教学体系中各门课程的实验往往都是孤立的,忽略了实验课程内容之间的内在逻辑关系,缺乏各学科知识的关联性、交互性和系统性等,思政教育在实验教学中不被重视,实验教学中存在一种重教书而轻育人的现状。

针对以上问题,广西大学实验中心历经 10 年进行了深入改革,构建了以实验独立设课为主线,涵盖机械工程专业本科教育全过程层次化、模块化的开放式实验和实践教学体系,以模块化、层次化的实验独立设课,解决同一专业的各门实验课分散、孤立且多有重复,相互之间缺乏关联性和系统性的突出矛盾,体现机械类本科实践教学的系统性和完整性,形成与理论课程体系既有机结合又相对独立的开放式实验和实训教学体系,2007 年被评为国家级机械工程实验教学示范中心,

2012 年通过教育部组织的验收,验收结果优秀。

在实验教学改革的过程中,现代化的教学手段不断导入,将基于互联网的开放环境与传统的基于硬件操作的实验相结合,搭建了现代制造模式所必需的产品设计制造和企业管理的信息化、生产过程控制的智能化、生产装备的数字化、社会服务和咨询的网络化等新技术实践教学框架。虚拟仿真实验教学内容依据开放性实验教学体系各个教学模块的具体需求定制开发并不断完善,中心建设共计投入经费1000 多万元,构建了基于虚拟现实的机械制造仿真实验平台、基于虚拟样机的机械设计仿真实验教学平台和基于虚拟仪器的机械电子网络化远程实验教学平台三大课程平台,机械电子网络化远程实验教学平台进一步融合了公共基础知识课程"电工电子技术"远程虚拟实验教学内容,使课程平台涵盖了机械工程实验教学体系各个教学模块的公共基础、专业基础和专业技术主干课程的虚拟仿真实验。学生课外实践和科技创新虚拟仿真平台包括学生科技创新平台以及校企联合仿真实验平台两大部分,形成了与机械工程硬件实验教学平台优势互补、互依共存的虚拟仿真实验教学平台。

虚拟仿真实验中心作为机械工程实验教学示范中心的重要组成和功能延伸拓展,经过多年建设和不断补充完善取得了显著成效,使得实验中心逐渐成为具有现代工程背景的,集机械、电子、信息、系统和管理为一体的,贯穿于人才培养全过程(包括实习、实验、课程设计、毕业设计、课内外科技创新活动等主要教学环节)的、服务于多层次工程实验和实践教学、科技创新的教学活动中心,成为了广西制造业高级专门人才的重要培养和培训基地,2014 年被评为国家级机械工程虚拟仿真实验教学中心。

4.2　虚实结合、开放共享实验教学体系的重构

广西大学实验中心在建设过程中,不断完善实体实验和实践教学

体系,从建立新型的学习环境入手,系统研究构建了与实体实验互依共存、优势互补、"虚实结合"的机械设计、机械制造、机械电子实验教学平台和学生课外科技创新平台,并利用互联网技术搭建了一个网络化 24 小时开放的学习环境,形成自主式、合作式、研究式、开放式的学习方式,极大强化了学生自主学习实践和创新能力的培养。

系统重构具有地方性综合大学鲜明特色、涵盖机械工程本科教育全过程的层次化、模块化的实验和实践教学体系,与自治区内外知名企业构筑深度合作的产学研联合培养平台,确保"科研、生产与教学"三位一体的校外实践环节落到实处。结合科研项目、企业委托项目和各类学生创新实践项目搭建基于项目驱动的学生课外科技创新实践平台。

结合虚拟现实、互联网和云技术等现代计算机和信息化技术,实验中心构建了虚实结合、线上线下、优势互补、开放共享 4 个实验和实践教学平台共 11 个教学模块,涵盖了机械工程专业本科教学主干课程的全部实验和实践教学以及学生课外科技创新活动涉及的所有环节。图 4-1 所示为虚实结合的实验和实践教学体系。

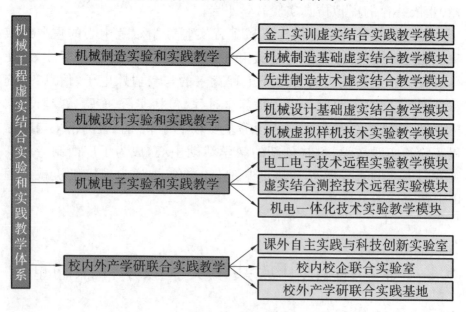

图 4-1　虚实结合的实验和实践教学体系

　　每个课程实验模块独立设课,单独考核和计算学分;学生课外实践和科技创新模块通过基于 PROJECT BUS(项目总线)驱动的本科生创新能力培养模式,鼓励学生参与教师的科研项目和企业委托项目。开放式的实验和实训教学体系的实验内容由基于硬件操作的实验教学、基于虚拟现实的计算机仿真实验以及网络化远程实验教学组成,每个实验教学模块独立计算学分和考核,每个实验功能模块根据不同专业对象的需要,除了基本必修实验项目外,还提供大量综合性、设计性和研究性的选修实验,课程教学在必修实验+选修实验满足课时要求,经考核合格后可获得学分。课程的档次分为 A 档(基本必修实验)、B 档(A 档+综合性、设计性选修实验)和 C 档(B 档+研究性选修实验)。所有实验模块每学期均循环滚动开出,方便学生的选修和重修及第二学位的选修。

1. 机械制造实验和实践教学平台改革与建设

　　该平台涵盖了"金工实训""机械制造技术基础""先进制造技术""计算机集成制造""特种加工技术"和"机械 CAD/CAM""数控原理""数控编程"等基础课程和专业课程的实验和实践,在机械工程开放性教学体系中划分为"金工实训""现代加工实验技术"和"机械 CAD/CAM 及数控技术"三个教学模块的三门实验独立设课。实验和实践教学内容按照基础性—综合性—设计性—研究性循序渐进,从简单到复杂,从点到面,从局部到全局进行设置。学生通过典型完整的虚拟制造案例,学习掌握机械加工过程和工艺,并以一个数字化工厂实例模拟机械制造企业车间布局和企业生产全过程,利用虚拟制造技术实现产品生产中的制造、装配、质量控制和检测等各个阶段仿真,了解生产线、车间和工厂信息传递以及产品的设计到真实制造的过程。

2. 机械设计实验和实践教学平台改革与建设

　　该平台包括由"机械制图""计算机绘图""机械零件与原理""机械设计"等基础课程整合的"机械设计基础实验",由"计算机辅助工程""虚拟样机技术"等专业课程整合的"虚拟样机实验技术",构建基于想象的开放性创意设计"虚实结合"的实验和实践平台,拓展学生的创造空间,使学生学习机械设计方法,获得机械组成结构、机械方案设计和创新实践的思维方式。在教学过程中强调以机械创新设计需求为主导的虚拟样机技术学习的思想,注重课内学习的同时,结合课程设计、毕业设计以及学生课外实践环节,以渐进思想与知识构建的思路相对应组织自主实践内容,促使学生在不同阶段自主学习相应的设计学习任务,有效解决了目前机械类本科生创新设计实践能力弱的关键问题。

3. 机械电子实验和实践教学平台改革与建设

该平台涵盖了基础课程"电工技术"和"电子技术",专业基础课程"机械控制工程基础""机械工程测试技术基础""电液控制工程"以及机械电子工程专业课程模块的"虚实结合"实验和实践教学内容;利用了当代测控大型工程应用软件 MATLAB 和 LabVIEW,结合实验教学的要求,开发了"虚实结合"的网络化远程测控实验内容。平台基于远程仿真实验系统的开放接口,具有远程开发性的架构,通过虚拟仿真实验系统,实现基于万维网的实验设备共享,实现了 24 小时完全开放的实验和实践教学。

4. 校内外产学研联合实践教学基地建设

该平台包括两大部分。一是校内课外创新实践,提供给学生一个全开放的自主学习的实验和实践教学环境,同时通过参与老师的科研项目,设置学生课外创新实践项目,以及校企联合实验室,使之成为教学体系不可或缺的部分。二是校外企业生产实践,通过与自治区内外知名企业建设深度合作的产学研联合培养实践基地,实现学生实习、课程设计和毕业设计与工程实际深度结合,高效利用企业的人才资源和先进设备资源,为培养学生的创新能力、工程实践能力构建了优异的校外实习和实践环境,从而实现理论与实践相结合、实践与创新相结合、课内与课外相结合、学校与社会相结合。

通过校内公共基础、专业基础和专业技术实验和综合实践教学,校外的生产实践与实训、课外实践和科技创新活动整个完整过程的实验和实践教学,学生从入学到毕业的各个阶段都能得到严格的良好实践训练。同时将实验和实践教学中的自主实践、研究型教学思想贯穿始终,培养学生的创新意识和工程实践能力。

4.3　系统建设虚实结合、开放共享的实验和实践教学平台

4.3.1　实验平台总体架构

运用互联网技术,构建以"自主开放学习平台＋多重交互自学平台"两大平台为载体的网络化开放式自主学习环境,借助"自主开放式学习平台",注重不同层次的开放实验和实践环节与课堂教学内容联动,建设由"实验和实践导学软件""教学互进系统"和"工程软件学习平台"组成的"多重交互学习平台",最终形成一个虚实结合、线上线下、课内课外、校内校外、开放共享的实验和实践教学新平台,如图 4-2所示。

4.3.2　课程虚拟实验教学平台

1. 机械制造实验和实践教学平台

该平台涵盖了"金工实训""机械制造技术基础""先进制造技术""计算机集成制造""特种加工技术"和"机械 CAD/CAM""数控原理""数控编程"等基础课程和专业课程的实验和实践。

(1)基础性的金工虚拟实训比传统的校内外实体实训有着自身的优势和特点,全真模拟职业工种的数字化加工车间的工作环境、工作步骤和工作内容,使学生通过完全沉浸式的职业角色扮演,真实地体验各个职业岗位,了解设备原理和工作过程,熟悉工作步骤、工作内容,并学习训练相关工作技能。

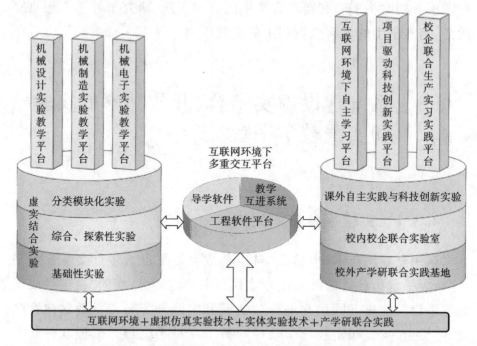

图 4-2　虚实结合、开放共享、校企共赢的实验和实践教学平台框架

（2）"现代加工虚拟仿真技术"在学生学习了解现代制造设备、技术和工艺过程，了解零件加工要求、精度等质量标准和检测方法的同时，以更全面、更系统的形式构建了面向新型制造模式的先进制造技术的学习，以生产解决方案为主线，将紧密结合的系列课程"机械制造技术基础""先进制造技术""计算机集成制造""特种加工技术""生产信息化技术"等专业课程群知识点贯穿其中，构建完整的现代制造模拟流程和虚拟训练过程，给学生创造了适应多品种、小批量生产模式的生产组织与决策、技术应用与开发创新、信息管理与集成的现代制造工程虚拟实验教学内容。

（3）机械类专业的核心能力是机械 CAD/CAM/CNC 技术应用的能力，主要通过机械 CAD 设计—机械 CAD/CAM 实训—数控技术实训、实习—毕业设计等实践教学环节来逐步完成。虚拟仿真实验针对解决一个实际问题，设计出总体方案，实施其全过程。实践教学借助于三维大型 CAD 软件和数控加工中心、三坐标测量仪等大型硬件设备,实验教学中心老师的科研和教学成果,自主研发的"车铣钻CAD/CAM 一体化系统"和"网络化开放式数控系统实验教学和设计开发综合平台",采用虚实结合的方式,构建了一个全开放的机械CAD/CAM 一体化、现代数控技术综合教学平台。

机械制造虚拟仿真实验内容按照基础性—综合性—设计性—研究性循序渐进,从简单到复杂,从点到面,从局部到全局进行设置。

①由点到面的学习。全真模拟各主要工种的数字化加工车间的工作环境、工作步骤和工作内容,使学生完全沉浸式地体验各工种岗位的工作技能,并通过一个典型曲轴零件从原材料锻造—切削—铣削—磨削—装配加工过程案例,让学生完整了解从原材料—坯料加工—零件加工—部件装配的机械制造全过程。同时,通过数字化工厂实例展示机械制造企业的生产全过程,学生能利用虚拟制造技术实现产品生产中的制造、装配、质量控制和检测等各个阶段仿真,了解生产线、车间和工厂信息传递以及产品的设计到真实制造的过程,在虚拟现实环境中真实自主地学习机械制造企业单个工种到零部件的完整加工过程,以及对整个企业的生产流程有一个完整的了解,有效提高了学生兴趣,加深了学生对制造过程和制造企业的认识,获得了实际现场都难以达到的效果。

②由简单到复杂的学习。在虚拟现实环境中,了解掌握机械加工过程和加工工艺。在虚拟制造环境中,放置一个加工零件的毛坯,让刀具进行动态模拟仿真车削加工及其他加工,分析是否存在刀具工件的干涉,预测加工结果,根据刀具的运行情况和毛坯切削情况,调整和优化加工工艺,然后通过虚拟数控机床和加工中心进行仿真数控加工,真实地描述出刀具的运动轨迹和参数,完成相应的各种功能。学生实习时可以先利用虚拟制造平台上的计算机,运用知识和技能,进行虚拟设计、离线编程和虚拟制造。在虚拟环境中,学生可以充分展示个性、发挥想象力和创造力,拟定多个方案,对方案进行分析比较和优化。其设计及所编工艺程序经确认后,再将仿真结果变换成指令直接输出给快速原型制造设备、数控机床和加工中心,将计算机辅助实

践教学系统和真实的工业制造环境两者有机融合,实现由浅入深的制造过程和工艺学习。

③由局部到全局的学习。利用虚拟现实技术,构建虚拟车间和数字化工厂,让学生学习了解车间布局和数字化工厂的设计和优化过程,熟悉利用虚拟制造技术实现产品生产中的制造、装配、质量控制和检测等各个阶段的仿真预演方法,了解生产线、车间和工厂信息传递以及产品从设计到真实制造的过程;增强设计到生产制造之间的确定性,在计算机中将生产制造过程压缩或提前,使生产制造过程在计算机中得到检验,从而提高企业生产的成功率和可靠性,缩短从设计到生产的转化时间;在所构建的虚拟实验环境中体验真实企业各岗位的工作和生产流程的设计优化方法。

2. 机械设计实验和实践教学平台

该平台教学内容包括由"机械制图""计算机绘图""机械零件与原理""机械设计"等基础课程整合的"机械设计基础实验",由"计算机辅助工程""虚拟样机技术"等专业课程整合的"虚拟样机实验技术",教学模块的实验通过基础型、综合设计型、研究创新型三个层次进行规划。

(1)"机械设计基础实验"通过二维、三维软件学习,熟悉典型零件的计算机绘图、零部件设计,在虚拟环境中观察典型零部件组成和运动情况(以齿轮泵和减速箱为例),学习零部件测绘和虚拟装配等,既使学生有很强的感性认识,又锻炼了其设计能力,为基于想象的开放性创意设计提供了虚拟实现的平台,拓展了学员的创造空间。学习机械设计方法,获得机械组成结构、机械方案设计和创新实践的思维方式。

(2)"虚拟样机实验技术"注重强调在虚拟现实环境中,通过在计算机上构造能够反映产品特性的数字化模型,模拟在真实环境下系统的运动和动力特性,并根据仿真结果精简和优化系统,完成物理样机无法完成的虚拟试验,从而无须制造物理样机就可获得产品级的优化设计方案。该实验模块通过课内外对大型 CAD 软件和工程分析软件 ANSYS、ADMAS 建模仿真分析,经 ENSING 三维可视化软件在虚拟现实硬件平台展示产品设计分析的结果,使学生了解掌握高度仿真的虚拟实验环境中先进数字化设计方法,极大提高学生的学习兴趣和热情,有利于培养学生工程设计能力和创新思维。

虚拟样机技术集成和综合了可运行的虚拟仿真创新设计环境,包括各种仿真工具、分析工具、控制工具、设备和组织协同工作的方法等,可以改善从产品的概念设计到动态仿真再到整机结构优化的各个阶段。利用虚拟样机技术可以建立零件的模型,进行虚拟装配,并检查零部件的装配间隙和干涉情况,应用分析软件对样机进行运动仿真并对关键部件进行校核、计算。及时发现错误,优化结构,可以方便地更改模型,从而提高设计效率、优化设计方案、缩短设计周期、降低生产成本。

在教学过程中提倡以机械创新设计需求为主导进行虚拟样机技术学习的思想,并根据基础课程和专业课程的具体要求,注重对虚拟建模、运动仿真和优化设计等各个阶段进行综合培训,同时结合学生课程设计、毕业设计以及课外实验技能项目、参与老师科研项目和学科竞赛等课外实践环节,以渐进思想与知识构建的思路相对应组织自主实践内容,促使学生在不同阶段自主学习相应的设计学习任务,有效解决了目前机械类本科生创新设计实践能力弱的关键问题。

3. 机械电子实验和实践教学平台

该平台由两个教学模块组成:电工电子技术远程实验教学模块和机电系统分析与测控远程实验教学模块。

(1) 电工电子技术远程实验教学模块涵盖了"电工技术"和"电子技术"基础课程的虚拟仿真实验,具有远程网络学习、虚拟实验智能指导和提交实验结果后自动批改实验成绩与效果的功能,实验过程智能指导可以监控学习者的实验过程。当学生在实验过程中遇到问题时,学生可以通过该系统寻求指导帮助,系统也可以主动对学生在实验过程的不当操作进行提示,避免发生错误。学习者或教师可以直接对系统提问,系统搜索出对应的知识信息,反馈给使用者。当学生做完实验提交结果后,自动批改功能可以从实验平台中获取学生所做的实验结果状态数据,进行数据处理,将有用信息提交至评价推理机。评价推理机利用教师在知识库中预先录入的样例对学生的实验结果信息进行鉴别,发现匹配样例后,评价推理机继续利用教师在知识库中预先录入的批改规则对学生的实验结果信息进行推理分析,最后得出结论。评价结果反馈给实验平台,评价结论呈现给学生,并把成绩和相关信息汇总到成绩管理模块。

(2)机电系统分析与测控远程实验教学模块,涵盖了"机械控制工程基础""机械工程测试技术基础""电液控制工程"三门课程的虚拟实验。实验利用了当代测控大型工程应用软件 MATLAB 和 LabVIEW,结合实验教学的要求,开发了"虚实结合"的网络化远程测控实验内容。平台基于远程仿真实验系统的开放接口,具有远程开发性的架构,通过虚拟仿真实验系统,实现基于万维网的实验设备共享,推进建设虚拟仿真大实验室的进程,实现了 24 小时完全开放的实验教学。

远程测控综合实验平台,是一个综合了传感技术、控制技术、信号处理、数据处理和计算机技术等的综合平台。实验平台以虚拟仪器理念为基础,以实验对象虚实相结合为主线,以实验对象共享和复用为目标,有效解决了测控实验对象设备庞大、成本高、易受场地限制和难以在实验教学中实现等问题,并将实验对象参数化和过程数据动态化以逼近现实过程测控。基于虚实相生为主线的远程测控综合实验平台,不但可以将真实的环境数据融入其中进行处理与分析,而且还可以将其作为远程仿真分析和远程控制的综合平台,为培养面向工程实际应用人才奠定坚实基础。

4. 校内外产学研联合实践教学基地

该平台包括两大部分:一是校内课外创新实践,二是校外企业生产实践。目前,广西大学机械工程学院实验和实践教学基地已经具备了较好的规模和条件,建设了集实习、授课、设计、研究四位一体的多功能大型工程实践教育中心和"校中厂"。

(1)校内建设有 2 个高水平综合性国家级实验教学中心(国家级实验教学示范中心和国家级虚拟仿真实验教学中心)、2 个"校中厂"(工程实践训练中心和广西大学农科新城)、2 个研究中心(亚热带智能农机研究所和亚热带智慧农业研究中心)。

（2）建立类型丰富、数量充足的校外大学生实习实训基地，依托学院的亚热带智能农机科研平台、动力与机械工程协同育人平台，教育部第二批新工科实践创新平台与广西柳工农机、玉柴集团、广西力顺、惠来宝等 30 多个农业机械龙头企业、单位共建校外实习基地。

4.4 虚实结合、开放共享、校企共赢的实验和实践教学环节的实施

实验和实践教学的实施从校内实验和实践、校外实习和实践以及学生课外科技创新实践方面开展，考核评价方法具有多元化的特征。

4.4.1 校内实验和实践教学的实现

结合互联网、虚拟仿真技术，通过构建中心门户网站，利用研发的导学软件、虚实结合的教学项目、教学互进系统等网络化教学资源，以及实验预约、门禁与监控和实验室信息化管理系统，开展课前预习自学、课堂教学研讨、课后反馈拓展的"虚实结合"实验和实践教学。导学系统具有远程网络学习、虚拟实验智能指导和提交实验结果后自动批改实验成绩与效果的功能，学生可以通过导学系统进行自主学习、探究学习、协作学习；也可以通过教学互进系统与老师进行深层次交流，对于比较复杂的工程问题，学生还可以与老师进行面对面的深层次交流。多方式拓展了老师与学生的交流渠道，形成了"学生自主学习""师生现场深层次交流""互进系统协作学习"的突破时空限制的三位一体开放式实验和实践教学。

4.4.2 校外实习和实践环节的实施

与自治区内外知名企业建设深度合作的产学研联合培养实践基地，实现学生实习、课程设计和毕业设计与工程实际深度结合，高效利

用企业的人才资源和先进设备资源,为培养学生的创新能力、工程实践能力构建了优异的校外教学环境。同时建立激发企业积极参与学校人才培养的主动服务机制,包括优质资源共享、科技创新合作、企业员工的培训机制,实现资源共享,双方共赢。

4.4.3　制定多元化考核评价方法

所设置的 11 个教学模块分为必修、必选和选修课程,供学生选择,分别单独计算学分。实验和实践考核体系包括实验和实践理论考试、实际操作考试、平时考核、实验和实习报告、开放实验和实践成绩考核、课外科技活动、创新活动考核等。在实验和实践成绩评定中,采取平时成绩和考试成绩相结合,实验过程和实验结果相结合,操作技能和创新素质相结合的评分标准,建立多元化的考核方法,全面、客观、综合地评价学生的实验和实践成绩,如图 4-3 所示。

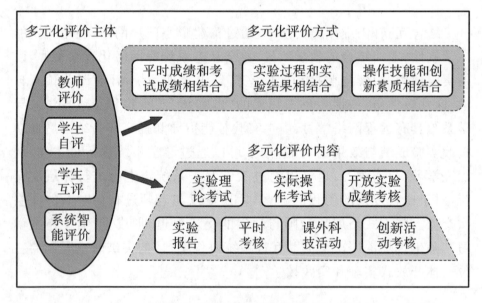

图 4-3　多元化的考核方法

在实践评价考核中,互联网环境下的虚实结合的学习环境提供24 小时完全开放的实验和实践教学方式。个性化的选修实验和实践内容具有研究型、设计型和综合型的特征,利用实验独立设课单独计学分、单独安排进度、成绩单独考核的方式,引起学生对实验和实践足够的重视,利用课内和课外相结合的实验和实践教学模式,给学生提供了更多的机会、时间和空间,通过开放性实验和实践教学改革使学生有更多的自由成长的空间。

第5章　虚实结合、开放共享典型实验教学案例

5.1　机械制造教学平台典型案例

5.1.1　船用曲轴制造过程仿真实验

1. 实验目的

（1）认识典型产品制造全过程和自主学习安全的虚拟制造环境，通过虚拟实验真实模拟曲轴不同的制造过程与工艺，极大降低实验消耗。

（2）自主学习典型产品制造过程中各个主要工序的加工方法及其工艺设备的使用方法。

（3）对不同加工过程的仿真分析使学生掌握复杂零件的加工工艺和方法。

2. 实验原理

制造企业的运行涉及研发过程、管理过程和制造过程三条主线。其中，制造过程是从原材料到终成品的过程中相互关联的全部制造活动的总和。制造过程涉及工艺规划、生产线布局、调度排产等多方面的因素和内容，这些因素直接影响到制造的质量、效率和成本。

曲轴(见图 5-1)是发动机中承受冲击载荷、传递动力的重要零件,在发动机五大件中最难以保证加工质量。由于曲轴工作条件恶劣,因此对曲轴材质以及毛坯加工技术、精度、表面粗糙度、热处理和表面强化、动平衡等要求都十分严格。如果其中任何一个环节质量没有得到保证,则严重影响曲轴的使用寿命和整机的可靠性。世界汽车工业发达国家对曲轴的加工十分重视,并不断改进曲轴加工工艺。

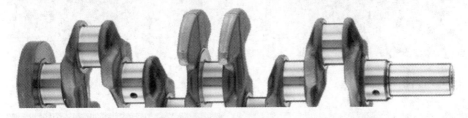

图 5-1　曲轴

表面上看,船用曲轴只是个十多米长几十吨重的一块"铁疙瘩"。然而,它的设计和制造工艺却相当复杂。制造方法大体上有两种:一是整体制造的曲轴,主要用于中小船舶和发电用中、高速冲程柴油发动机;另一种是组装式曲轴,主要用于大中型船舶和发电用低速二冲程柴油发动机,是将曲拐和轴颈部件热压成为整体。

3.实验内容和步骤

(1)启动机械制造虚拟仿真实验教学平台。

(2)加工过程仿真(锻造过程(见图 5-2)、切削过程(见图 5-3)和磨削过程)。

(3)组装过程仿真(见图 5-4)。

(4)测试过程仿真(见图 5-5)。

注:在仿真过程中,可以选择不同加工方法,控制仿真速度、调节视角和视距等参数,分析不同工况的加工效果。

4.实验报告要求

(1)分析曲轴制造过程,以及曲轴制造过程中的典型工艺和设备。

(2)分析曲轴制造的难点。

图 5-2　锻造过程　　　　　　　　　　图 5-3　切削过程

图 5-4　组装过程仿真　　　　　　　　图 5-5　测试过程仿真

5.1.2　数字化车间仿真实验

1. 实验目的

（1）建立数字化车间的总体认识，学习机械制造企业的生产流程。

（2）了解车间数字化生产的内容及其生产流程优化方法。

（3）探讨数字化车间的运行管理机制。

2. 实验原理

数字化车间是指以制造资源（resource）、生产操作（operation）和产品(product)为核心,将数字化的产品设计数据,在现有实际制造系统的数字化现实环境中,对生产过程进行计算机仿真优化的虚拟制造方式。数字化车间技术在高性能计算机及高速网络的支持下,采用计算机仿真与数字化现实技术,以群组协同工作的方式,概括了建模与仿真研究的各个方面,实现产品概念的形成、设计到制造全过程的三维可视及交互环境,在计算机上模拟产品制造的本质过程(包括产品的设计、性能分析、工艺规划、加工制造、质量检验、生产过程管理与控制),通过计算机数字化模型来预测产品功能、性能及可加工性等方面可能存在的问题。

在数字化车间的设计和规划阶段,各种类型的人员所关心的层次有所不同,所以将数字化车间的模拟仿真力度进行层次的划分,使不同人员在不同阶段得到不同的仿真模拟力度。经过分析,把数字化车间软件分为以下四个层次:数字化车间层、数字化生产线层、数字化加工单元层、数字化操作层,数字化车间 TOP-DOWN 结构如图 5-6所示。

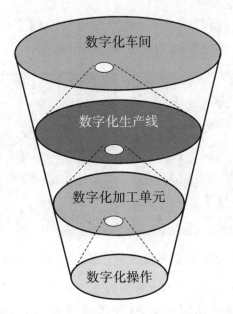

图 5-6　数字化车间 TOP-DOWN 结构图

（1）数字化车间层：对车间的设备布局和辅助设备及管网系统进行布局分析，对设备的占地面积和空间进行核准，为车间设计人员提供辅助的分析工具。

（2）数字化生产线层：这一层要关心的是所设计的生产线能否达到设计的物流节拍和生产率，制造的成本是否满足要求，帮助工业工程师分析生产线布局的合理性、物流瓶颈和设备的使用效率等问题，同时也可对制造的成本进行分析。

（3）数字化加工单元层：这一层主要提供设备之间和设备内部的运动干涉问题，并可协助设备工艺规划员生成设备加工指令，再现真实的制造过程。

（4）数字化操作：进一步对可操作人员的人机工程方面进行分析。

3. 实验内容和步骤

（1）启动数字化工厂虚拟仿真平台（见图 5-7），载入预定义的数字化车间仿真模型。

（2）车间布局仿真。

在数字化工厂仿真平台中，对预先定义的数字化车间进行三维浏览和漫游，了解数字化车间的构成和细节（见图 5-8）。

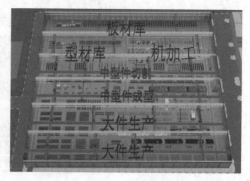

图 5-7　数字化工厂虚拟仿真平台　　图 5-8　数字化车间的构成和细节

（3）车间设备总体运行状态监控。

通过安灯系统能够实时监控设备的状态，绿灯表示正在运行，黄灯表示设备空闲，红灯表示设备故障，如图 5-9 所示。

（4）设备运行信息分析。

选中需要观测的机床，点击菜单"监控"→"显示监控对象信息"，可在弹出对话框中检查机床当前的运行状态（见图 5-10），分析设备之间和设备内部的运动干涉问题，并可协助设备工艺规划员生成设备加工指令，再现真实的制造过程。

 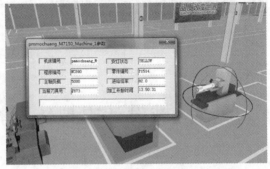

图 5-9　实时监控设备状态　　　图 5-10　机床当前的运行状态

（5）生产看板。

生产看板（见图 5-11）的功能包括任务分配显示、领料登记、任务进度录入和工时反馈。工人通过生产看板获得自己本班需要完成的任务，到现场的在制品库领取相应的物料进行加工，并通过生产看板进行领料操作，提供物料的现场流动信息；在任务完成加工后，人员通过电子看板录入任务进度，从而向计划调度层次反馈任务的进度和工时信息。

注：以上真实仿真过程需要 MES 系统（制造执行系统）的支持。接入 MES 的方式为：点击【监控\监控设置】菜单，进入监控设置界面，如图 5-12 所示。

4. 思考题

（1）数字化车间与数控车床的关系是什么？

（2）如何构建数字化车间？构建数字化车间的难点在哪里？

（3）通过调研和查阅资料，列举一个你所知道的数字化车间，并做简要介绍。

图 5-11　生产看板　　　　图 5-12　监控设置

5.2　机械设计虚拟仿真教学平台典型实验

5.2.1　典型零件虚拟装配仿真实验

1. 实验目的

（1）了解典型装配体的构造和装配关系，建立装配和虚拟装配的认识。

（2）学习掌握装配顺序、约束、干涉等装配工艺知识。

2. 实验原理

产品都是由若干个零件和部件组成的。按照规定的技术要求，将若干个零件接合成部件或将若干个零件和部件接合成产品的劳动过程，称为装配。前者称为部件装配，后者称为总装配。它一般包括装配、调整、检验和试验、涂装、包装等工作。

装配工艺规程是规定产品或部件装配工艺规程和操作方法等的工艺文件，是制订装配计划和技术准备，指导装配工作和处理装配工作问题的重要依据。它对保证装配质量，提高装配生产效率，降低成本和减轻工人劳动强度等都有积极的作用。

装配工艺规划的内容包括：分析装配线上的产品原始资料；确定

装配线的装配方法组织形式;划分装配单元;确定装配顺序;划分装配工序;编制装配工艺文件;制定产品检测与试验规范。

其中,确定装配顺序的基本原则和方法如下。

(1) 预处理工序先行。如零件的去毛刺、清洗、防锈、涂装、干燥等应先安排。

(2) 先基础后其他。为使产品在装配过程中重心稳定,应先进行基础件的装配。

(3) 先精密后一般、先难后易、先复杂后简单。因为刚开始装配时基础件内的空间较大,比较好安装、方便调整和检测,因而也就比较容易保证装配精度。

(4) 前后工序互不影响、互不妨碍。为避免前面工序妨碍后续工序的操作,应按"先里后外、先下后上"的顺序进行装配;应将易破坏装配质量的工序(如需要敲击、加压、加热等的装配)安排在前面,以免操作时破坏前工序的装配质量。

3. 实验内容和步骤

(1) 减速箱虚拟装配。

(2) 扫地机虚拟装配。

启动机械设计虚拟仿真实验教学平台,打开减速箱虚拟装配仿真模型(见图 5-13),浏览基于预定义装配顺序的自动装配仿真过程。

图 5-13　减速箱虚拟装配仿真模型

（3）交互式虚拟装配。

使用鼠标、键盘、数据手套等交互工具进行交互式的抓取、移动、装配、释放等功能，实现产品的装配与拆卸，能够验证装配过程。

注：在虚拟装配平台中，装配操作仿真过程既可以直接操作零部件，也可以通过虚拟工具来操作零部件，还可以通过虚拟人类来操作零部件。由于通过虚拟工具的操作复杂度高、耗时大，因此本实验采用直接操作零部件的方案，也称为徒手装配。

（4）约束的建立和确认。

通过交互工具移动零件，当两个零件靠近时，会自动捕获约束关系，包括面贴合约束、线对齐约束、坐标系约束、轴孔对齐约束等常用约束类型，此时约束显示为红色，按【V】键后，将确认约束（见图5-14），此时约束显示为黄色（见图5-15）。

图 5-14　约束的建立　　　　　图 5-15　约束的确认

（5）碰撞和干涉检查。

点击 图标，打开碰撞模型管理对话框，添加碰撞模型，对装配过程进行检查。

主要功能包括：

◆ 碰撞检测开关——打开此开关则系统在仿真时进行碰撞情况检测，关闭则不检测。

◆ 模型添加——用户可以为场景的各种模型生成一个"碰撞模型"，只有生成碰撞模型之后才可以参与碰撞检测。

◆ 模型删除——删除一个模型对应的碰撞模型。

◆ 场景树显示——查询碰撞场景,显示当前碰撞场景中碰撞模型的数目、当前碰撞检测开关状态、场景中的碰撞模型列表、所选碰撞模型信息等。

◆ 模型信息查询:查询已经存在的碰撞模型详细信息。

(6) 扫地机虚拟装配。

在虚拟装配实验平台中,依次进行扫地机等模型的虚拟装配实验(见图 5-16)。详细实验步骤参照上述减速箱的虚拟装配实验过程。

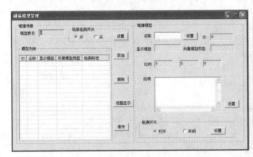

图 5-16 扫地机虚拟装配

4. 实验报告要求

(1) 分析减速箱的装配过程,并对其装配顺序关系进行解释。

(2) 如何保证装配质量和提高装配效率?

5.2.2 小型多功能绿篱苗木修剪机整车越障仿真实验

1. 实验学时与对象

实验方式	学时	实验对象	实验设备
交互仿真	4	机械工程及自动化 车辆工程	Adams/Ensight/电脑

2. 实验目标

该实验主要用来模拟小型绿篱苗木修剪机整车越障仿真过程分析,通过互动操作使学生对整车越障过程有直观了解,使其学习机械虚拟样机仿真软件 Adams 的建模和分析方法,初步掌握 Adams 添加运动约束、运动驱动、仿真分析及参数测量并加深对相应知识点的理解,掌握 Ensight 后处理方法及可视化,让学生了解虚拟样机技术对产品设计的意义与作用。

3. 实验内容

该实验主要用来模拟小型修剪机 Adams 运动模型的建立、整车越障仿真及 Ensight 数据后处理、可视化,更加直观地分析小型修剪机整车越障过程,加深学生对建立整车运动模型和越障仿真的了解。实验内容包括了整车运动学模型建立,Adams 仿真环节及 Ensight 数据后处理、可视化。

4. 实验步骤

(1) 将三维 CAD 模型导入 Adams,定义各构件属性(见图 5-17),运用布尔运算将相关构件合并(见图 5-18)。

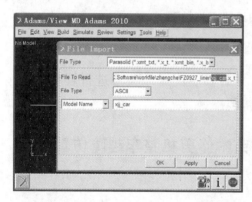 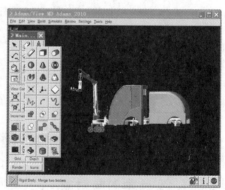

图 5-17　定义各构件属性　　　　图 5-18　布尔运算合并构件

(2) 定义轮胎与地面文件,前后车轴处定义 4 个轮胎安装点,分别添加相应的轮胎(见图 5-19)。

(3) 根据地面文件绘制地面及障碍物(Adams 编写的地面文件为 mdi_2d_plank,此地面非 flat 地面,不显示)。

(4) 设置约束副,在四个轮胎处及铰接转向处分别添加旋转副,在绘制的地面及障碍物处添加固定副。

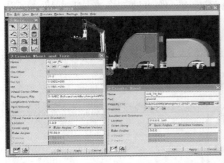

图 5-19 定义轮胎与地面文件

（5）在两个后轮添加旋转力矩驱动（见图 5-20）。

图 5-20 后轮添加旋转力矩驱动

（6）设置仿真参数，仿真时间 15 s，仿真步长 0.1（见图 5-21）。

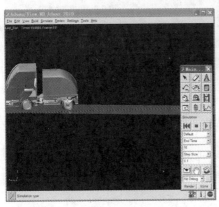

图 5-21 设置仿真参数

（7）进入后处理模块，查看位移、速度、侧偏位移及加速度等（见图 5-22）。

（8）利用 Adams to Ensight 接口将运动学模型生成 CASE 文件（见图 5-23、图 5-24）。

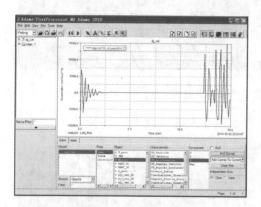

图 5-22　后处理模块

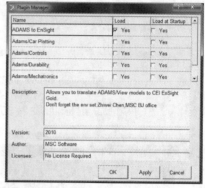

图 5-23　Adams to Ensight 接口(1)

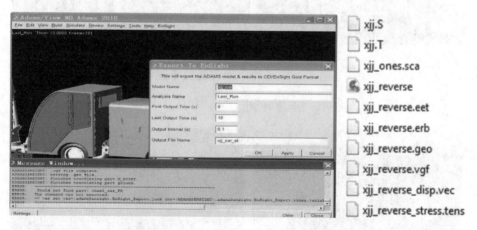

图 5-24　Adams to Ensight 接口(2)

（9）打开 Ensight 导入上述文件，调整部件的颜色（见图 5-25）。

（10）添加周围场景，在用户工具箱中导入 texture 素材，并添加"广西大学机械工程学院"文本（见图 5-26）。

（11）设置三个视图窗口，通过 Tools 设置 camera，第一个视角采取摄像机模式，摄像机固定在一侧，可以从头至尾随着整车移动；第二

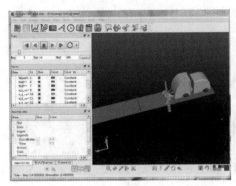 

图 5-25　导入文件　　　　　　　　图 5-26　添加周围场景

个视角采取全局摄像模式,可以从头至尾观察整个场景;第三个视角
是在越障时段添加一个 360°旋转视角,全面了解越障时环卫机械的行
驶状态(见图 5-27)。

(12) 文件保存,分别保存 session,context;输出动画,并设置格式
(见图 5-28)。

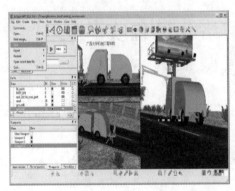 

图 5-27　设置三个视图窗口　　　　　图 5-28　文件保存

(13) 导入虚拟现实实验平台(见图 5-29),并进行人机交互实验
分析(见图 5-30)。

5. 实验要求与讨论

(1) 调节障碍物与小型修剪机的距离,模拟整车快速通过障碍
物,了解速度对越障的影响。

图 5-29　导入虚拟现实实验平台　　　　图 5-30　人机交互实验分析

（2）改变障碍物的大小及高度，模拟小型修剪机车的越障过程，查看并分析越障过程整车的垂直加速度。

（3）结合仿真模拟过程、结果及现实小型修剪机的作业情况，讨论怎样能够实现其他运动的仿真。

5.3　机械电子网络化远程实验教学平台典型案例

5.3.1　网络化远程振动分析实验

1. 实验目的

（1）理解加速度计的工作原理。

（2）掌握用加速度机测量振动的方法。

（3）掌握振动分析方法。

2. 实验要求

（1）了解振动的机理、种类以及危害，理解振动的主要评价指标。

（2）了解振动的测试手段和测试方法，了解不同测试手段的优劣。

（3）理解振动传感器的工作原理、种类，理解不同传感器的优劣。

（4）掌握振动测试过程，包括传感器放置、测试仪器选择、测试和分析软件的使用。

（5）掌握时频分析方法对振动进行动态分析的步骤。

3. 实验内容与步骤

（1）信号连接。

振动测试使用 PXI-4461 进行实验，PXI-4461 为两输入两输出的动态信号采集板卡（见图 5-31），可以用于振动和噪声测试。当进行振动测试时，PXI-4461 与加速度计连接。PXI-4461 与加速度计通过 BNC 线缆进行连接。

图 5-31　PXI-4461

对于远程仿真实验室，已经默认连接了一个 PCB 加速度计到 CH0。

（2）加速度计的放置。

根据需要，加速度与被测点的连接可通过螺丝端子、磁铁等方式进行连接。在本实验中，测试对象为电机工作引起的振动，与电机的机械部件相连。

对于远程仿真实验室，加速度计被粘贴在电机外壳上。

（3）登录应变测试实验界面。

如果是第一次运行，首先安装"远程仿真实验室客户端.exe"，按照提示进行安装即可。运行"虚拟仿真客户端.exe"，进入登录界面。

①输入学号和姓名,点击登录(见图5-32),登录到实验选择界面。在实验选择界面,用户可以查看远程仿真实验室提供的实验列表、各个实验的排队情况,以及设备的占用情况(见图5-33)。

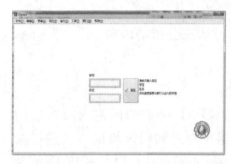 

图 5-32　登录界面　　　　　图 5-33　实验选择界面

②在左下角的实验编号输入框内输入 2,点击开始排队,如果该实验没有被其他用户占用,则系统弹出提示排队成功,询问是否开始实验(见图5-34)。此时,如果点击开始实验,则进入相应的实验界面;如果点击放弃,则重新进入实验选择窗口。如果 120 秒之内不进行选择,则视为放弃,系统重新回到实验选择窗口。

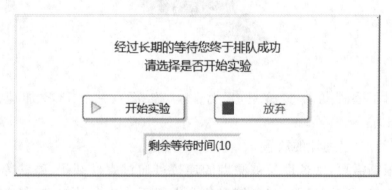

图 5-34　用户排队

如果实验被占用,在排队情况窗口会显示相应的队列情况,系统会按照先到先得的原则安排用户排队。此时可以选择等待前面的用户实验结束之后再开始实验,或者点击取消排队,回到实验选择窗口重新选择。

③点击开始实验之后,进入振动测试的实验界面(见图 5-35)。用户可在此界面下进行振动实验,并且可以在远程图像窗口实时查看实验设备的运行情况。

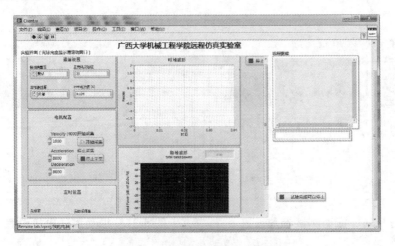

图 5-35　振动测试的实验界面

④打开远程仿真实验室客户端,选择振动测试实验,进入振动测试实验界面。

(4) 参数设置(见图 5-36)。

①接线端配置。

一般来说加速度计的信号都是差分信号,接线端可选择差分或者默认。

②灵敏度配置。

由加速度生产厂家提供,可通过加速度计的数据手册查到。

③IEPE 配置。

PXI-4461 可以提供内部 IEPE 激励,当需要 IEPE 激励时,IEPE 激励源选择内部,并在 IEPE 电流源输入控件内填写电流值,最大 4 mA。

④定时设置。

定时设置用于设置采样率、每次循环采样点数,可根据待测振动的频率进行调整。

（5）电机设置（见图 5-37）。

本实验测试的振动是电机工作时的振动，因此在测试前需要启动电机。在此实验中，可以设置电机的速度、启动的加速度、制动的减速度。

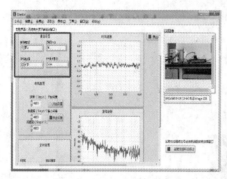 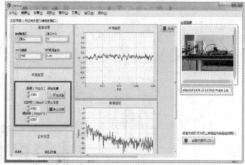

图 5-36　振动测试参数设置　　　图 5-37　振动测试电机设置

（6）开始采集记录波形。

采集卡和电机的参数配置完毕之后，点击开始采集，获取电机工作时的振动波形（见图 5-38）。

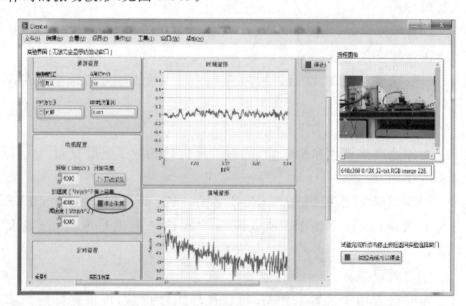

图 5-38　采集记录波形

（7）改变的速度，观察并记录振动波形的变化，分析振动与电机速度之间的关系。

（8）实验完成后，点击"停止采集"或"实验完成可以停止"按钮，退出实验界面（见图 5-39）。

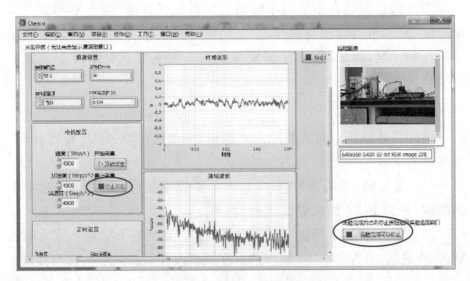

图 5-39　退出实验界面

4. 实验报告要求

（1）包括实验目的、实验设备、实验原理。

（2）打印出振动的时域曲线和频域曲线，给出不同电机转速下的曲线，至少五组。

（3）分析振动与电机转速之间的关系。

（4）结合实验遇到的问题谈谈对实验的看法。

5. 思考题

（1）加速度计的安装位置对于测试结果有什么影响？如何确定最佳的安装位置？

（2）如何确定合适的采样频率？

（3）改变采样频率，观察输出波形的变化，确定不同的振动条件下的最佳采样率。

5.3.2　网络化远程车辆行驶仿真监控实验

1. 实验目的

通过远程实验自主学习车辆行驶仿真监控方法,输入不同油门踏板开度,变速箱挡位和制动开启/关闭信号来模拟车辆加速、匀速和减速等行驶工况,验证 ECU 控制发动机在车辆正常行驶情况下运转的控制算法。

2. 实验原理

硬件在环(HIL)测试系统由上位机、发动机模型、HIL 硬件、ECU 四部分组成。

(1)上位机:采用 NI VeriStand 实验管理软件,监测测试过程中的数据,并为 ECU 测试提供激励信号。

(2)发动机模型:四缸气道喷射汽油机。运行在 PXI 嵌入式实时控制器中,通过 NI VeriStand 软件进行在线修改和监测发动机模型参数。

(3)HIL 硬件(见图 5-40):采用 NI FPGA 板卡、DAQ 板卡和 CAN 通信板卡,结合信号调理模块和故障注入模块,模拟各种传感器的运行,采集 ECU 信号。

(4)ECU:发动机控制器(engine control unit)。

上位机通过网络与实时处理器进行交互。在实时系统中,PXI 平台的板卡 I/O 接口接收 ECU 信号,并将信号传输给发动机模型,在发动机模型进行运算后再由 PXI 板卡的 I/O 输出各种传感器信号,信号经过调理和故障仿真后传输给 ECU,从而形成一个闭环的实时系统。该 HIL 测试系统实验平台(见图 5-41)包括三部分功能:车辆行驶仿真监控,硬件故障注入 FIU,软件故障注入。

3. 实验步骤

(1)从客户端登录实验。

如果是第一次运行,首先安装"虚拟仿真客户端.exe",按照提示进行安装即可。

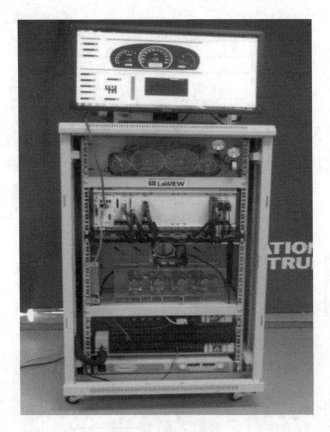

图 5-40　HIL 硬件

运行"虚拟仿真客户端. exe",进入登录界面。

①输入学号和姓名,点击登录,登录到实验选择界面。在实验选择界面,用户可以查看远程仿真实验室提供的实验列表、各个实验的排队情况、设备的占用情况。

②在左下角的实验编号输入框内输入 11,选择硬件在环车辆行驶控制实验,点击开始排队,如果该实验没有被其他用户占用,则系统弹出提示排队成功,询问是否开始实验。此时,如果点击开始实验,则进入相应的实验界面;如果点击放弃,则重新进入实验选择窗口。如果 120 秒不进行选择,则视为放弃,系统重新回到实验选择窗口。

③如果实验被占用,在排队情况窗口会显示相应的队列情况,系统会按照先到先得的原则安排用户排队。此时可以选择等待前面的

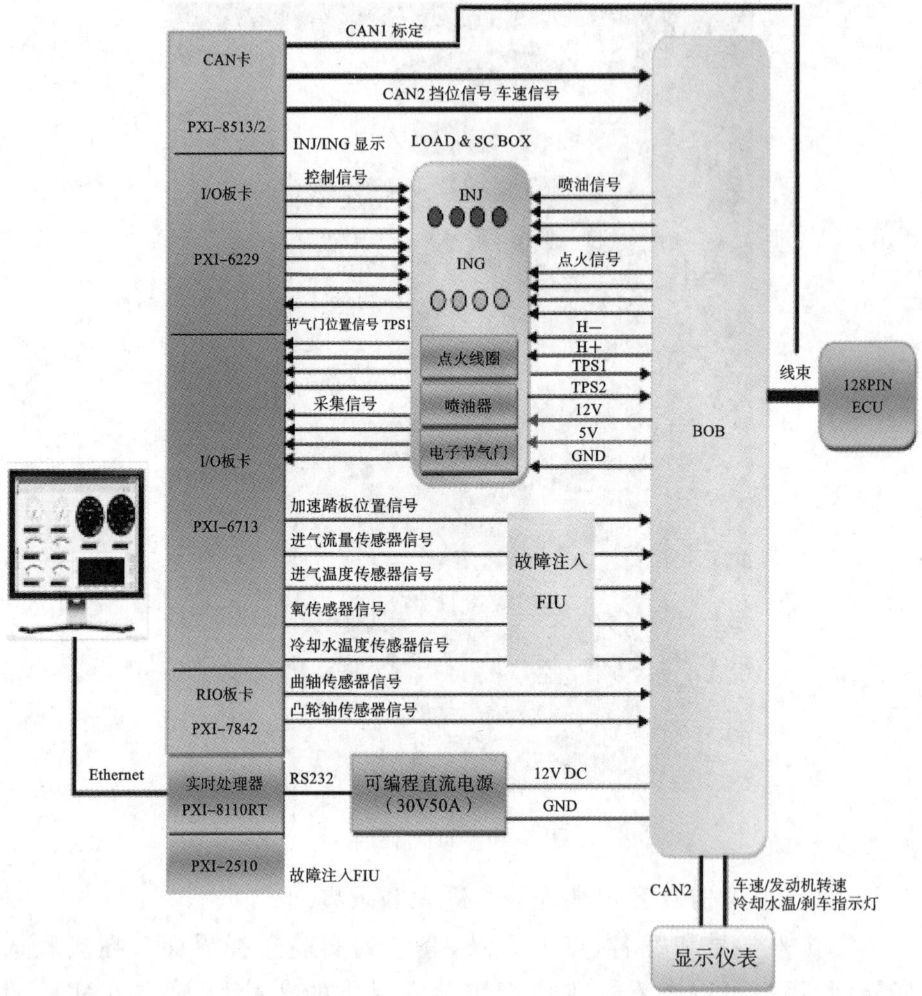

图 5-41　HIL 测试系统实验平台

用户实验结束之后再开始实验,或者点击取消排队,回到实验选择窗口重新选择。

④点击开始实验之后,进入行驶测试的实验界面。用户可在此界面下进行车辆行驶实验,并且可以在远程图像窗口实时查看实验设备的运行情况,还可通过拖动滚动条,查看未显示界面(见图 5-42)。

(2)开始行驶实验(见图 5-43)。

①暖机启动完成后挂 1 挡;

图 5-42   查看未显示界面

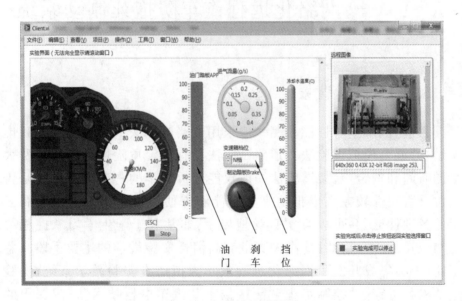

图 5-43   开始行驶实验

②加速踏板增加至 10%,发动机转速增加至 2000 r/min 时,挂2 挡;

③加速踏板增加至 20%,发动机转速增加至 3000 r/min 时,挂3 挡;

④加速踏板增加至 30%,发动机转速增加至 4000 r/min 时,挂 4 挡;

⑤踩刹车,发动机转速降低至怠速转速 800 r/min 时,发动机关闭。

学生可通过观察进气温度和冷却水温度传感器是否达到 100 ℃,以及进气流量是否超过量程以及车速在加速和制动工况下能否上升和下降来验证 ECU 功能以及发动机模型的正确性。

学生也可将自己编写的发动机模型部署到该 HIL 平台,根据自己的换挡策略进行上述操作来验证模型的正确性。

5.4 典型学科交叉知识综合实训案例
——网络化远程汽车防抱死制动系统

5.4.1 实验背景

目前,汽车整车性能检测一般采用道路试验法、台架试验法和"虚实结合"混合模拟试验法。道路试验法具有一定危险性且需要耗费大量的时间和资金,台架试验法一般仅能分析汽车的一些局部性能是否正常且直观性较差。虚拟仿真实验能够方便模拟车辆不同系统和工况的各项性能,并可以真实直观地展示,非常利于学生学习掌握相关的知识点,逐渐成为目前高校高危和高消耗实验教学的主要手段。鉴于此,中心集成开发了网络化远程汽车虚拟仿真实验教学系统,实验教学内容贯穿了"控制工程""测试技术""汽车电控技术"三门课程的主要知识点。

实验教学系统用当代科学建模工具软件 MATLAB、虚拟仪器开发平台 LabVIEW 和 Java 作为开发工具,集成了车辆动力学仿真软件建造实验测试环境,根据实验教学的要求,有机结合互联网和云技术,开发了网络化汽车虚拟仿真实验教学内容。平台基于远程仿真实验系统的开放接口,具有远程开放性的架构。云计算是基于网络的一种服务提供模式,它通过网络提供动态、易扩展和虚拟化的资源和运算服务。虚拟技术与云计算服务的结合,使得虚拟实验能够通过网络远程实现,并解决了传统的实验现场教学存在设备、场地和师资条件制约以及高消耗、高危等大型综合实验难以开展,开放性实验教学受时空制约的问题。

网络化远程汽车防抱死制动系统(ABS)仿真实验是网络化远程汽车虚拟仿真实验平台的一个综合设计性实验,实验可分三个层次:验证性、综合性和设计性实验。

5.4.2　实验目的

(1) 掌握汽车电子控制防抱死制动系统的构成以及各组成部分的工作原理。

(2) 了解汽车电子控制防抱死制动系统功用,仿真分析无 ABS 和有 ABS,以及不同 ABS 和参数对汽车防抱死制动过程的影响。

(3) 学习掌握汽车电子控制防抱死制动系统的控制方法,利用MATLAB 设计不同的 ABS 控制器,将控制器嵌入实验仿真平台,分析所设计控制器的控制性能以及 ABS 制动的效果,优化控制器达到国标要求的汽车 ABS 控制性能。

5.4.3　实验原理

1. ABS 简介

防抱死制动系统的简称为 ABS,是一种主动安全装置。在汽车制动过程中,ABS 能自动调节车轮的制动力,防止车轮抱死,从而缩短制动距离、提高方向稳定性和增强转向控制能力,获得最佳制动性能,减少交通事故。不同的汽车制动系统会有差异,同样,ABS 也会随车型的不同而不同,但是基本都是由轮速传感器、制动压力调节装置和电子控制单元等组成。在不同的 ABS 中,电子控制单元的内部结构和控制逻辑也不尽相同,制动压力调节装置的结构形式和工作原理往往也不同,图 5-44 是一个典型的 ABS 结构图。

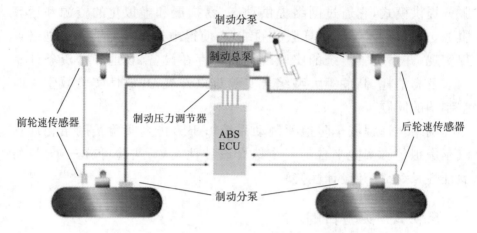

制动分泵

制动总泵

前轮速传感器

制动压力调节器

ABS
ECU

后轮速传感器

制动分泵

图 5-44　ABS 结构图

四个车轮分别安装有一个轮速传感器,用来实时采集各车轮的转速信号,并发送给电子控制单元(ECU),ECU 根据各轮轮速信号对该轮的运行状态进行判断,并发出相应的指令给制动压力调节装置,对该轮的制动压力进行调节。制动压力调节装置主要由调压电磁阀总成、储液器和电动泵总成等组成。它接收来自 ECU 的控制信号,驱动电磁阀动作以实现对压力的调节,是 ABS 系统中的执行机构。

电子控制防抱死制动系统都是根据车轮减速度以及滑移率是否达到某一设定值来判定车轮是工作在附着系数-滑移率曲线(μ_b-S 曲线)的稳定区域还是工作在非稳定区域,并通过调节制动分泵的制动液压力,充分利用轮胎-道路附着力将车轮滑移率控制在 10%～30%的稳定区域范围内,从而得到最佳制动性能。

2. ABS 的虚拟仿真实验原理

路试检测和台架检测方式是现今实际应用中广泛采用的方法,但因造价高和检测的便捷性问题,始终存在一定的局限性。仿真检测方法是运用各种仿真软件模拟系统,将各项参数进行定量的分析和比较。

3. 仿真平台的架构

ABS 虚拟仿真实验平台架构如图 5-45 所示,采用系统模块化组

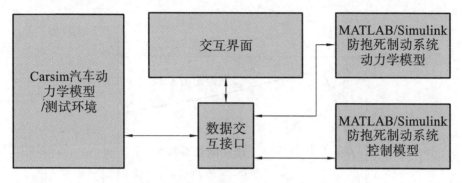

图 5-45　ABS 虚拟仿真实验平台架构

织方式:"MATLAB/Simulink 防抱死制动系统动力学模型"模块主要负责对汽车防抱死制动系统动力学模型的构建及计算;"MATLAB/Simulink 防抱死制动系统控制模型"模块负责制动控制模型的构建及计算;"Carsim 汽车动力学模型/测试环境"模块主要负责汽车整体动力学的计算及测试环境制定。基于 Visual Studio、LabView 开发的数据交换接口实现 Carsim 汽车测试模型与制动系统、制动控制系统之间的仿真数据实时交换,并通过交互界面将仿真结果以 3D 动画及数据曲线的方式进行展示。模块化的组织结构使得不同实验教学对象可以根据自身的专业特点选择相应模块进行设计,其他的模块可以直接调用实验系统提供的案例,也可调取系统自带的案例模型,对不同动力学模型、控制模型下的汽车制动效果进行验证。

4. 仿真实验原理

路面附着系数与滑移率之间存在非线性关系,如图 5-46 所示。不同滑移率对应不同的附着系数,附着系数的最大值称为峰值附着系数 μ_p,且 μ_p 一般出现在车轮滑移率 S 为 20% 附近,此时可获得最大的地面制动力。

ABS 控制的作用就是通过控制和不断调整制动压力,将车轮滑移率控制在最佳滑移率附近,使每个车轮尽可能获得最大的地面制动力,防止车轮抱死,避免侧滑、甩尾及失去转向能力等现象的发生。由整车动力学模型输出四个车轮的转速、车质心速度、前轮垂直法向力、

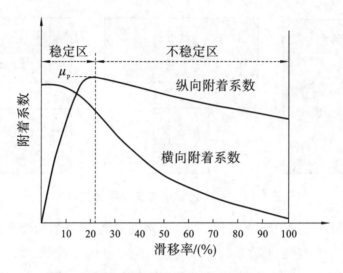

图 5-46　路面附着系数与滑移率关系曲线

前轮轮缸压力等传感器测得的数据输入给 MATLAB/Simulink 构建路面识别模块进行路面识别,路面识别模块识别当前路面的最佳滑移率,模糊 PID 控制模块对输入的目标滑移率和实际滑移率的差值进行控制,最后由整车制动力矩控制分配模块输出各个车轮的制动力矩,使汽车能以安全稳定的状态在不同的路面上制动。图 5-47 所示为 ABS 虚拟仿真实验模型的构建。

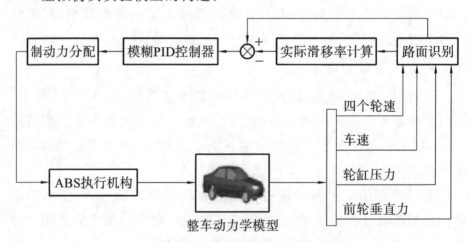

图 5-47　ABS 虚拟仿真实验模型的构建

在 ABS 实验交互界面内可完成实验指导、系统建模、仿真环境设置、提交实验等操作。在"实验指导"模块下可自主完成实验的预习，包括实验注意事项、实验指导书、实验报告要求等资料。

5.4.4　教学方式与实施

1. 教学方式

结合虚拟现实、互联网和云技术，构建以"基于虚拟现实的汽车仿真实验平台＋基于云技术管理的虚拟实验室"两大平台为载体的网络化开放式自主学习环境，线上从验证性、综合性和设计性三个层次循序渐进地引导学生自主开展实验，线下在实验室进行硬件在环"虚实结合"的混合模拟实验分析，同时建立完善的实验考核评价体系对学生的实验学习结果进行考核。网络化远程 ABS 虚拟仿真实验三个层次的学习要求如下所述。

（1）验证性实验学习：学习掌握汽车电子控制防抱死制动系统的构成以及各组成部分的工作原理，利用虚拟仿真实验教学系统提供的模型，仿真分析无 ABS 和有 ABS 车辆制动的过程和效果。

（2）综合性实验学习：了解汽车电子控制防抱死制动系影响参数和条件，通过选择不同的 ABS 和参数，仿真分析对汽车防抱死制动过程的影响。

（3）设计性实验学习：学习掌握汽车电子控制防抱死制动系统的控制方法，利用 MATLAB 设计不同的 ABS 控制器，并将设计的控制器通过接口嵌入实验仿真平台，分析所设计控制器的控制性能以及 ABS 制动的效果，优化控制器达到国标要求的汽车 ABS 控制性能。

2. 教学实施过程

汽车防抱死制动系统仿真实验结合 ABS 数学模型和 Carsim 动力学软件建立整车联合仿真模型，把整个模型连同程序系统置于远程实验的云服务器平台上，学生通过网络开展验证性、综合性和设计性实验，虚拟仿真模型的运行及计算，对相关数据的观察、记录和保存，从而得出相应的结果。

　　当需要进行远程实验的时候,首先开启实验终端的服务器程序,然后通过实验室网站登录网络化远程汽车防抱死制动系统仿真实验平台,按照如图 5-48 所示流程进行操作后即可开始实验。

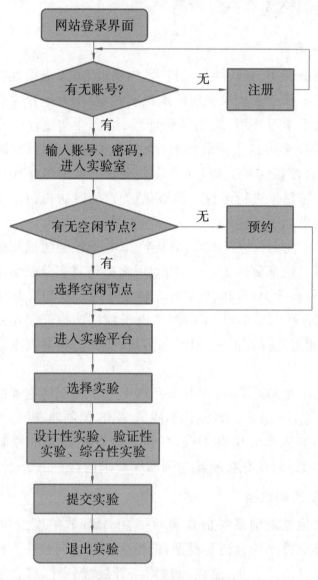

图 5-48　实验操作流程

5.4.5　综合实训的方法与步骤要求

1. 实验准备

（1）登录网站 http://vcar.gxu.edu.cn，打开网络化汽车仿真虚拟实验室登录界面，如图 5-49 所示。输入账号和密码后点击"登录"以进入网络化汽车仿真虚拟实验室主界面。评审专家使用的用户名为"user001"，密码为"123456"，其他用户需自行注册以获取用户名及密码。

图 5-49　网络化汽车仿真虚拟实验室登录界面

　　点击"登录"后，进入图 5-50 所示的网络化汽车仿真虚拟实验室主界面，点击空闲的节点图标进入实验。如果无空闲的节点，点击网页右上角的"预约实验"按钮可以预约其他时间来操作实验。

　　（2）点击节点图标，进入本中心服务器上的云桌面，并进入网络化远程汽车仿真实验平台的选择实验界面，如图 5-51 所示。界面中可查看需要完成的实验任务、未完成的实验任务、已经完成的实验任务以及查看实验成绩。在实验任务列表中双击选中"汽车防抱死制动系统仿真实验"，并点击"确定"，进入实验操作界面。

图 5-50　网络化汽车仿真虚拟实验室主界面

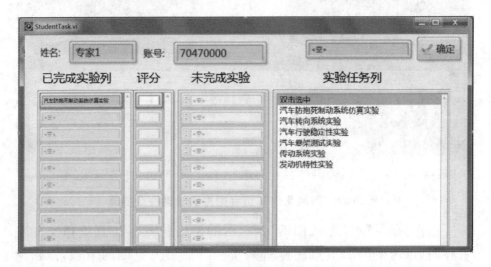

图 5-51　选择实验界面

（3）进入"网络化远程汽车仿真实验平台　汽车防抱死制动系统仿真实验"主界面，界面左侧阐述了本实验主要流程，界面右侧为相应的功能按钮，如图 5-52 所示。

（4）实验预习。点击"实验指导"，浏览实验指导资料。

图 5-52 汽车防抱死制动系统仿真实验主界面

2. 验证性和综合性实验

在验证性和综合性实验环节,调用系统的控制模型,设置不同的车速工况,以分析不同的制动系统控制模型下的汽车制动效果。

(1)无 ABS 制动实验。

①点击"控制系统模型"选项,选择"无 ABS 控制器"选项,随后点击"确认"以返回主界面,如图 5-53 所示。

②在实验平台主界面中选择"工况设置"选项,弹出工况选择窗口。工况列表中提供了 3 种初始速度工况进行选择,首先选择"65 千米/小时"的制动初始车速。点击"确认",返回实验平台主界面,如图 5-54 所示。

③在实验平台主界面中选择"运行仿真"选项,系统调用汽车动力学模型,并结合 MATLAB 中的制动系统控制模型进行仿真求解。

④点击"运行"后,等待约 6 s 的时间,至运行完成后,弹出仿真动画窗口以及仿真数据曲线窗口,如图 5-55、图 5-56 所示。

⑤利用相同的原理,依次在无 ABS 控制器工况下进行时速 80 千

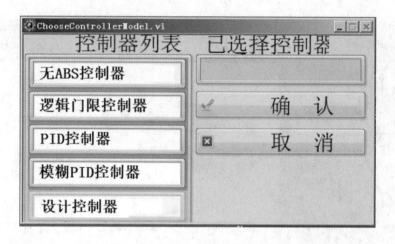

图 5-53　制动系统控制器选项

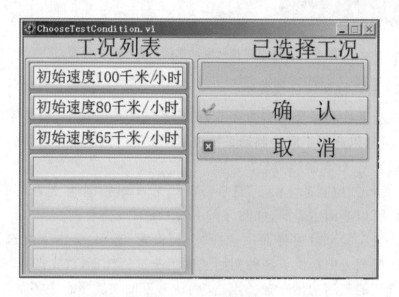

图 5-54　工况设置窗口

米/小时、100 千米/小时的制动实验,结果分别如图 5-57、图 5-58 所示。

(2)逻辑门限控制的 ABS 制动过程实验。

在上一环节的仿真中,对无 ABS 控制器的汽车进行了仿真,本环节用逻辑门限控制器对汽车刹车制动过程进行控制。使用与上一环

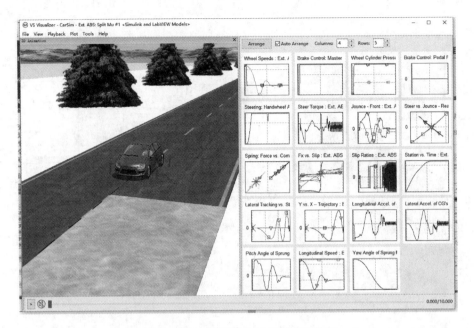

图 5-55　仿真结果(制动前姿态)

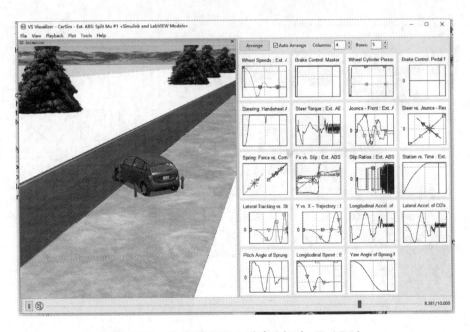

图 5-56　仿真结果(65 千米/小时,无 ABS)

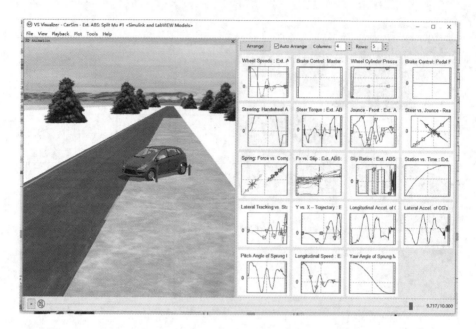

图 5-57　仿真结果(80 千米/小时,无 ABS)

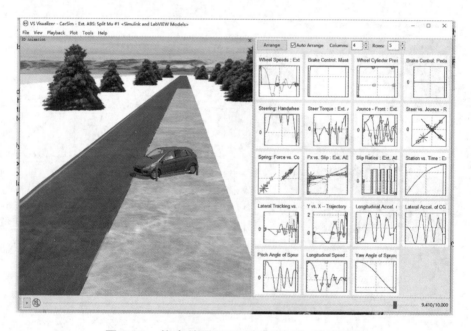

图 5-58　仿真结果(100 千米/小时,无 ABS)

节相同的步骤,选择"逻辑门限控制器"并分别以时速 65 千米/小时、
80 千米/小时、100 千米/小时进行测试。

①采用逻辑门限 ABS 控制器,时速为 65 千米/小时的实验结果
如图 5-59 所示。

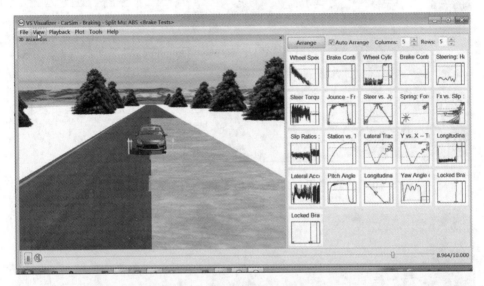

图 5-59 仿真结果(65 千米/小时,逻辑门限 ABS 控制器)

②采用逻辑门限 ABS 控制器,时速为 80 千米/小时的实验结果
如图 5-60 所示。

③采用逻辑门限 ABS 控制器,时速为 100 千米/小时的实验结果
如图 5-61 所示。

(3) PID 控制的 ABS 制动过程实验。

①基于 PID 控制器对汽车刹车制动过程的 ABS 进行控制。使用
与上一环节相同的步骤,选择"PID 控制器"并分别以时速 65 千米/小
时、80 千米/小时、100 千米/小时进行测试。

②采用 PID 控制的 ABS,时速为 65 千米/小时的实验结果如图
5-62 所示。

③采用 PID 控制的 ABS,时速为 80 千米/小时的实验结果如图
5-63 所示。

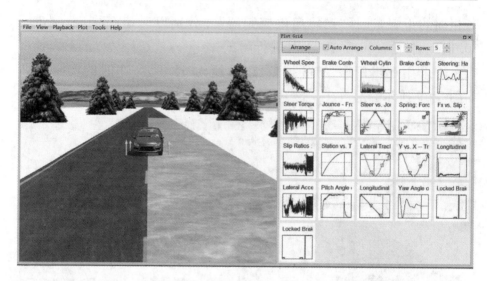

图 5-60　仿真结果(80 千米/小时,逻辑门限 ABS 控制器)

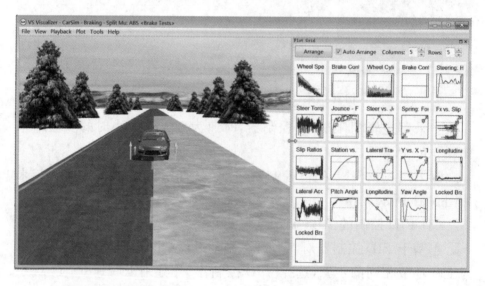

图 5-61　仿真结果(100 千米/小时,逻辑门限 ABS 控制器)

④采用 PID 控制的 ABS,时速为 100 千米/小时的实验结果如图 5-64 所示。

(4) 模糊 PID 控制的 ABS 制动过程实验。

基于项目课题开发的模糊 PID 控制器对 ABS 进行控制。使用与

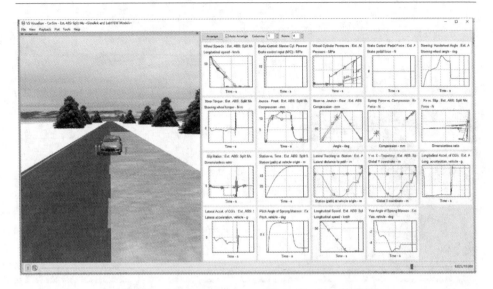

图 5-62　仿真结果（65 千米/小时，PID 控制器）

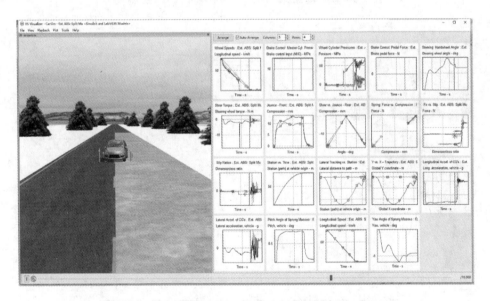

图 5-63　仿真结果（80 千米/小时，PID 控制器）

上一环节相同的步骤，选择"模糊 PID 控制器"并分别以时速 65 千米/小时、80 千米/小时、100 千米/小时进行测试。

①采用模糊 PID 控制的 ABS，时速 65 千米/小时的实验结果如图 5-65 所示。

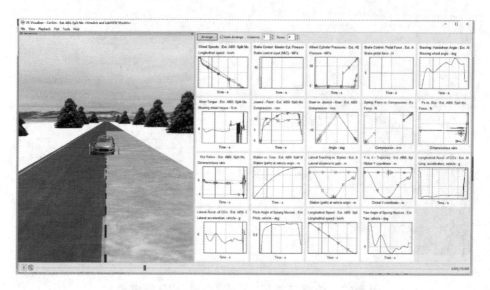

图 5-64　仿真结果(100 千米/小时,PID 控制器)

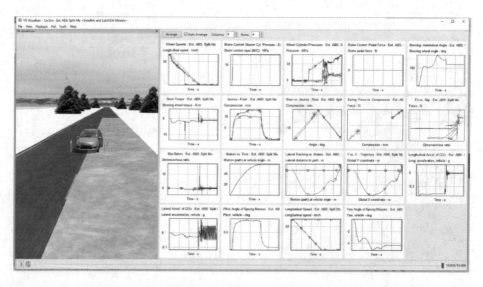

图 5-65　仿真结果(65 千米/小时,模糊 PID 控制器)

　　②采用模糊 PID 控制的 ABS,时速 80 千米/小时的实验结果如图 5-66 所示。

　　③采用模糊 PID 控制的 ABS,时速 100 千米/小时的实验结果如图 5-67 所示。

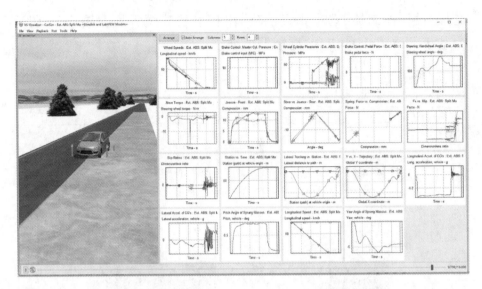

图 5-66　仿真结果(80 千米/小时,模糊 PID 控制器)

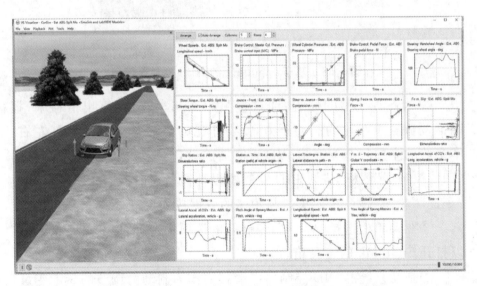

图 5-67　仿真结果(100 千米/小时,模糊 PID 控制器)

3. 设计性实验

(1) 设计 PID 控制器。

①在实验平台主界面选择"控制系统模型"选项,进入选择界面后

选择"设计控制器"选项,系统将弹出控制器建模界面。图 5-68 所示为基于 Simulink 的 ABS 控制器模型。

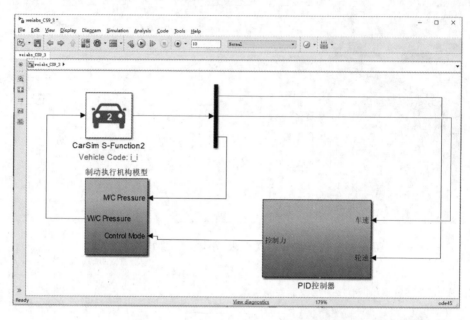

图 5-68　基于 Simulink 的 ABS 控制器模型

②ABS 控制器的原理:通过检测轮速与车速,计算出滑移率;控制器调节各个车轮的制动压力,使得车轮的滑移率控制在 20% 左右。本实验的主要环节为完成 PID 控制器的设计。双击图 5-68 中绿色的"PID 控制器"图标,进入 PID 控制器设计窗口,如图 5-69 所示。其中"车速""轮速"是汽车的车速与轮速的数据接入口。

③在菜单栏选择"View",在展开的选项中选择"Library Browser"以打开 Simulink 的工具箱。

④制动系统的 PID 控制器以滑移率作为制动力调节的参考变量,因此可首先建立滑移率计算模型。滑移率的计算式为

$$S = \frac{车速 - 轮速}{车速} \times 100\%$$

将 Simulink 工具箱中的求和工具"Sum"、求商工具"Divide"拖曳入 PID 控制器设计窗口,建立如图 5-70 所示的连接。

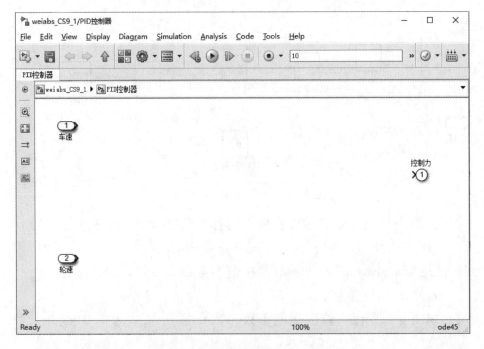

图 5-69　PID 控制器设计窗口

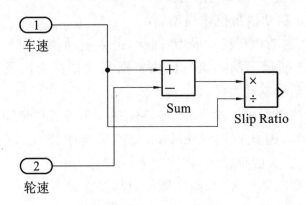

图 5-70　滑移率计算模型

⑤搭建 PID 控制架构。

滑移率作为 PID 计算的输入变量,将 Simulink 的工具箱中的"PID Controller"拖曳入 PID 控制器设计窗口,建立如图 5-71 所示的连接。

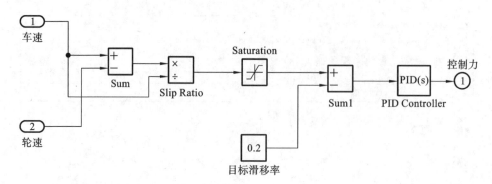

图 5-71   PID Controller 模型

在图 5-71 中,将实际滑移率与目标滑移率做比较,并进行 PID 计算,以调整控制力。由于实际工况中的滑移率范围为 0%~100%,因此,使用"Saturation"模块将滑移率范围限制在 0%~100%。

⑥修改 PID 参数。

如图 5-72 所示,修改比例系数为 2.0,积分系数为 1.0,微分系数为 0.2。

⑦保存模型,并返回上一层。

(2)设计制动执行机构模型。

①双击"制动执行机构模型"图标,进入制动执行机构模型设计界面,如图 5-73 所示。制动执行机构根据制动操控力以及控制器输出参数来调节车轮制动力的大小。

②由于控制器模型输入的是四路信号,执行机构传输给车轮的是四个制动信号,因此首先从 Simulink 工具箱中拖曳入分接器、集线器,并分别设置成四路输出、四路输入,如图 5-74 所示。

③在汽车制动系统中,制动操控力即刹车踏板操控力与控制器产生的制动力共同作用于制动轮缸,且制动操控力起到主控的作用,因此可搭建单路制动执行机构模型,如图 5-75 所示。

④汽车制动过程中,由于惯性作用,前轮的着地压力大于后轮的作用力,因此设计时应使得前轮的制动力大于后轮的制动力。如图 5-76所示,后轮的制动力为前轮制动力的 40%。

⑤保存模型,并返回上层界面。

Function Block Parameters: PID Controller

PID Controller

This block implements continuous- and discrete-time PID control algorithms and includes advanced features such as anti-windup, external reset, and signal tracking. You can tune the PID gains automatically using the 'Tune...' button (requires Simulink Control Design).

Controller: PID　　　　　　　　　　　　　▼　Form: Parallel　　　　　　　　　　　▼

Time domain:
◉ Continuous-time
◯ Discrete-time

Main　PID Advanced　Data Types　State Attributes

Controller parameters

Proportional (P):	2.0	⊟ Compensator formula
Integral (I):	1.0	
Derivative (D):	0.2	
Filter coefficient (N):	100	

$$P + I\frac{1}{s} + D\frac{N}{1 + N\frac{1}{s}}$$

Tune...

Initial conditions

Source:　internal　　　　　　　　　　　　　　　　　　▼
Integrator: 0
Filter: 0

External reset: none　　　　　　　　　　　　　　　　　　▼

☐ Ignore reset when linearizing
☑ Enable zero-crossing detection

OK　　Cancel　　Help　　Apply

图 5-72　PID 参数设置

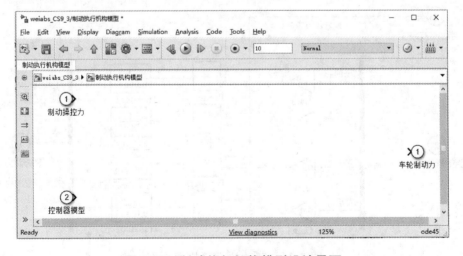

图 5-73　制动执行机构模型设计界面

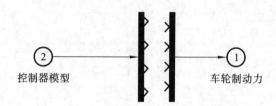

图 5-74　四路分接器与集线器

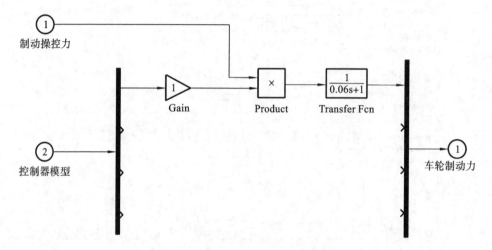

图 5-75　单路制动执行机构模型

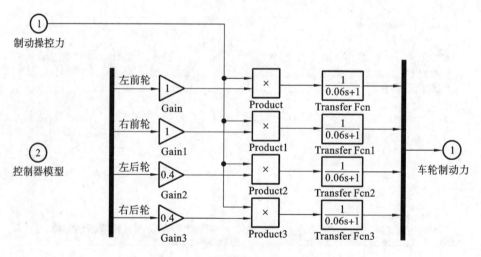

图 5-76　制动执行机构模型图

⑥至此,搭建完成制动控制系统的模型,点击保存,并返回实验平台主界面。

⑦在实验平台主界面中选择"工况设置"选项,在弹出的选项窗口中选择时速 65 千米/小时。

⑧在实验平台主界面中选择"运行仿真"选项,等待几秒钟后,将弹出仿真的动画及数据曲线,如图 5-77 所示。

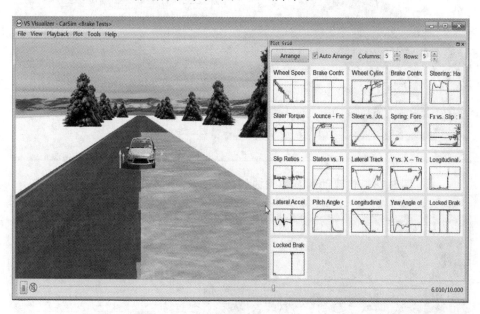

图 5-77　仿真动画及数据曲线(65 千米/小时,PID 控制器)

⑨同理分别选择 80 千米/小时、100 千米/小时进行仿真测试,并记录实验结果,如图 5-78、图 5-79 所示。

4. 提交实验

完成以上实验步骤后,点击"提交实验",在弹出的选项框中上传实验指导书,并选择保存实验。

5. 实验结果与结论

通过实验,要求学生掌握汽车制动系统的工作原理、了解 ABS 的控制策略以及不同控制策略下的汽车制动效果,并掌握 PID 控制的设计方法。

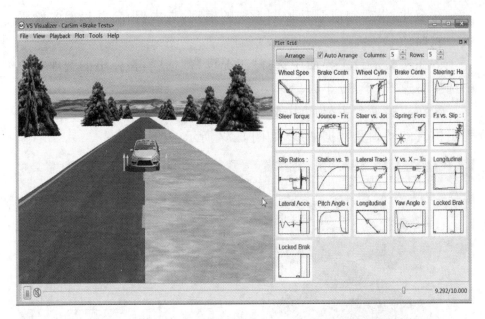

图 5-78　仿真动画及数据曲线(80 千米/小时,PID 控制器)

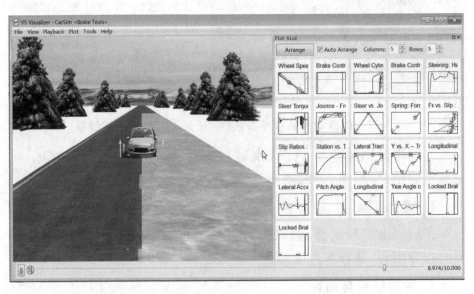

图 5-79　仿真动画及数据曲线(100 千米/小时,PID 控制器)

(1) ABS 对汽车制动的影响。

汽车在高低附着系数"对开路面"上行驶制动时,没有 ABS 的车辆在制动过程中出现了严重的侧滑现象,而有 ABS 的车辆只发生了轻微的制动跑偏,并且稳定迅速地制动(见图 5-80)。因此,ABS 控制器提高了汽车制动性能。图 5-81、图 5-82 分别为有无 ABS 车辆的纵向速度和侧向加速度对比曲线。

图 5-80　制动仿真效果对比

(2) 不同 ABS 控制策略对汽车制动的影响。

模糊 PID 控制的制动系统使得汽车制动滑移率更接近理想值,从而减少了制动距离,如图 5-83 所示,在时速 100 千米/小时的初始车速下,模糊 PID 控制的制动使得制动距离较逻辑门限控制器的制动距离缩短了约 30 米。

如图 5-84 所示,模糊 PID 控制的汽车制动过程中,侧向加速度明显减小,从而提高了驾驶安全性,改善了乘坐舒适性。

6. 考核要求

建立多元化的实验考核评价体系,从而全面、客观、综合地评价学生的实验成绩。

(1) 多元化的评价主体。

评价主体多方参与:教师评价、学生自评、学生互评、系统对实验

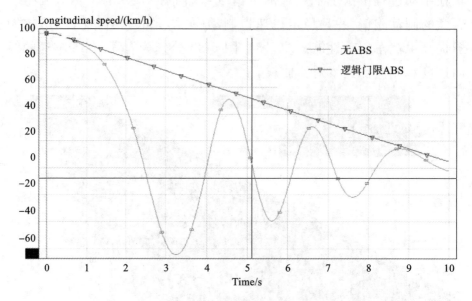

图 5-81　纵向速度对比曲线

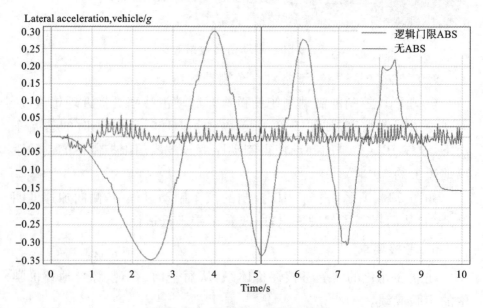

图 5-82　侧向加速度对比曲线

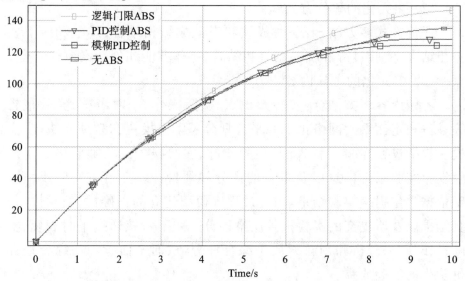

图 5-83　不同控制器的制动距离对比

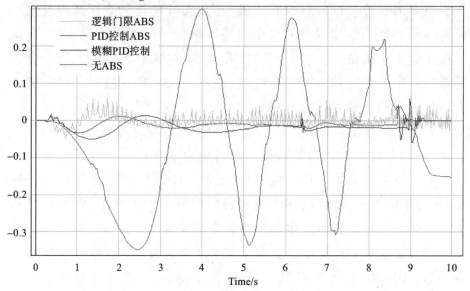

图 5-84　不同控制器的侧向加速度对比

过程和结果的记录及智能评价。

（2）多元化的评价方式。

评价方式多方结合：平时成绩和考试成绩相结合、线上和线下实验相结合、实验过程和实验结果相结合、操作技能和创新素质相结合。

（3）多元化的考核内容。

考核内容多方结合：实验知识点、实际操作、平时考核、实验报告等各占一定比重。网络化实验平台划分了学生模块和教师模块，学生模块包括进行实验资料查阅、实验实施、实验报告。教师模块用于线上发布实验报告信息以及报告的评分和评价。线上自主实验成绩评定依据学生提交实验结果，仿真过程中模型建立的正确性、新颖性、仿真结果以及所提交的实验报告质量评分。线下考核通过平时表现、实际操作、结果分析和创新素质等综合评分，从而全面、客观、综合地评价学生的实验成绩。

7. 教学案例特色

（1）遵循"虚实结合、能实不虚、优势互补"的教学理念。

汽车的设计及试验具有投入资金大、人员设备危险性高以及周期长的特点。基于虚拟现实的汽车性能控制和测试虚拟仿真实验，有效解决了受限于设备、场地以及高消耗、高危等整车不解体大型综合实验难以开出的问题，弥补了实体实验的不足，为学生提供了直观、逼真和可反复重构的实验学习环境。

（2）实验教学项目具有模块化组织和系统化集成的特点，形成了验证性、综合性和设计性实验循序渐进的自主实践学习模式。

验证性实验：学生可以利用系统提供的动力学模型和控制器模型，学习掌握汽车 ABS 的构成以及各组成部分的工作原理，开展汽车无 ABS 和有 ABS 刹车过程的对比验证性实验。

综合性实验：学生通过学习了解汽车制动过程的影响参数和条件，选择不同的 ABS 和参数，仿真分析不同 ABS 和工况参数对制动过程的影响。

设计性实验：学生通过更深层次的学习，利用大型数学建模工具

MATLAB 设计不同的 ABS 控制器,并将设计的控制器通过接口嵌入实验仿真平台,分析所设计控制器的性能以及 ABS 制动过程的效果并优化控制器。

(3) 科研成果转化的实验教学内容为开放式教学模式提供强有力的支撑。

将实验教学与科学研究相结合,充分利用科研优势增强实验教学能力,把中心教师针对汽车 ABS 研发的 PID、模糊 PID 控制器等科研成果转化为实验教学内容,为开放性实验教学的开展提供了良好的技术支撑。

(4) 利用互联网和云技术搭建的网络管理平台技术,有效实现了实验室 24 小时开放性教学的目标。

结合互联网和云技术搭建的网络化虚拟实验室,可直观地查看目前空闲的虚拟机位,学生可以通过手机预约排队系统预约实验,24 小时均可开展自主学习,使得实验的"时间、空间、深度、广度"极大地延伸,使课内教学、课外教学、虚拟仿真、实际操作四位一体,最大限度地开放了实验教学资源,实现资源校内外的共享。

(5) 构建多元化评价体系,采用平时成绩和考试成绩相结合,线上和线下实验相结合、实验过程和实验结果相结合、操作技能和创新素质相结合的评价方式。

5.4.6　教学实施效果

(1) 教学效果。汽车防抱死制动系统仿真实验应用于车辆工程、机械电子工程专业基础课程"控制工程""汽车电控技术"等的实验教学,通过网络的自主预约实验,学生可以自由地选择实验时间,实验活动不受时间、场地、课时的限制。虚拟仿真、网络技术和云技术的有机结合,解决了高危、高成本和高消耗的实验教学问题,同时也有效实现了 24 小时完全开放的实验教学,使实验资源可以扩展到不同校区、不同学校,甚至实现社会共享,特别是对解决远程教育存在的实验瓶颈问题,更具实际意义。

（2）该实验项目已经面向广西大学车辆工程和机械电子工程专业的本科生开放，完全开放的实验教学模式，极大地激发了学生的自主学习热情，提高了学生实践动手和创新设计的能力。

（3）示范作用。面向国内同行，实验中心已成为国家级实验教学示范中心和国家级虚拟仿真实验教学中心，每年接待国内 20 余所高校的同行来校交流。通过交流，实验中心虚实结合的远程虚拟仿真实验教学模式得到了认可。

（4）获得奖励。地方综合大学机械类本科生"虚实结合"开放式实验教学模式的研究与实践项目获得 2017 年广西高等教育自治区级教学成果奖。

第6章 新工科背景下机械类学科交叉知识教育教学研究

6.1 引 言

新技术、新业态下机械行业的深刻变革,尤其是数字化时代的到来,深刻影响着社会体系、企业结构的发展,对机械、计算机与信息、液压和测控技术的综合运用提出了更高要求,机械工程专业不仅要求课程相互之间联系与衔接,更突出了机、电、液、控多学科领域知识的融会贯通,最终达成数字时代机电液控一体化的知识体系和设计思维。

然而传统的机械工程专业教学体系改革大都在原有课程体系的基础上,删减陈旧知识,加入新知识进行调整,存在专业的纵向知识结构不够完整,主干课程间的知识结构关系不够清晰,学科交叉知识融会贯通教学环节欠缺等问题,导致学生不能清楚地理解机电液控知识体系的整体性和关联性,缺乏综合运用机电液控知识解决工程问题的能力,尤其缺乏对学科交叉知识与实际项目之间关系的判断。

鉴于此,项目组 2010 年提出"项目驱动、数字赋能、贯通融会"的教学理念,依托国家级机械工程实验教学示范中心和国家级机械工程虚拟仿真实验教学中心以及校外玉柴股份公司(即广西大学国家级实践教育中心)三个高水平实验实践平台,以产学研真实项目作为学习载体,将知识的拓展与项目学习研究过程的迭代相结合,用项目研发的渐进思想与知识构建的思路贯通主干课程知识体系,注重理论与实践、线上与线下、课内与课外、个性与共性、科研与教学、工程与思政的有机结合,以数字化、智能化赋能,极大提升学生跨学科知识的综合运用与创新实践能力,多措并举培养学生在技术、质量、效率、经济、安全、社会、法律等多种约束条件下的综合素质。

6.2　解决的教学问题

(1) 融会贯通机械类本科生的学科交叉知识。通过课内课外模块化项目驱动教学,突出学生对机、电、液、控学科交叉知识的系统性、整体性和关联性的理解,将课堂教学与创新实践活动落实到科研项目和企业技改项目,解决学生跨学科知识的综合运用与创新实践能力弱的问题。

(2) 融入数字化、网络化和人工智能等前沿技术,强化跨学科知识体系的先进性与开放性。构建贯穿主干课程知识的项目式教学内容,让学生进入前沿、交叉、跨界、融合的境界,建立线上线下教学相结合的个性化、智能化、泛在化的教学新模式,解决学习学科交叉知识的先进性与开放性教学问题。

6.3　改革的目标和思路

6.3.1　改革的目标

(1) 知识目标:使学生理解跨学科知识的关联性和系统性,突出掌握机、电、液、控多学科知识的融会贯通和综合运用,深入思考机电液控基础理论与核心技术的关系,拓展学术视野和跨学科知识。

　　（2）能力目标：学习复杂机电液系统的综合设计与分析方法，运用机电液控主干课程的知识，基于现代工程工具和信息技术工具，进行典型机电产品性能的测控分析和研究，突出解决机电液系统复杂工程问题的能力。

　　（3）素质目标：将知识传授与德育渗透融会贯通，强调工程伦理、学术诚信和团队合作精神，鼓励学生利用"数字化赋能"对制造业大胆创新实践，提高学生的综合素质。

　　（4）思政目标：结合课程思政，大力弘扬工程控制论创始人钱学森报效祖国、追求真理、崇尚创新的精神，培养学生的家国情怀和使命担当。

6.3.2　改革的思路

　　基于线上线下、课内课外案例的教学与创新项目的设置、学生创新团队的建设和本科生导师制的实施，通过项目设计、组织落实、校内外综合实验实践平台建设及质量评价保障体系等关键性要素，突出掌握机、电、液、控多学科知识的融会贯通和综合运用，深入思考主干课程基础理论与核心技术的关系，拓展学生的视野和跨学科知识，推动工程实际、科学研究、科研成果向本科教学移植和转化，充分挖掘学生的创造潜能，全面培养学生分析与解决问题的能力、自我调控的能力、团队合作精神和创新的能力。结合课程思政，大力弘扬追求真理、崇尚创新的精神，培养学生的家国情怀和使命担当，提高学生的综合素质。

6.4　改革的举措

6.4.1　跨学科知识综合运用与创新能力培养的新架构

　　在真实社会需求的背景下，将互联网＋数字化、智能化技术，构建系列化工程案例和项目贯穿本科阶段主干课程知识体系,着力培养学生机电液控多学科知识的综合运用与创新能力。案例和项目包括典型工程案例、课程设计、毕业设计、综合设计性实验、导师制下达的科研子项目、竞赛项目以及其他课外创新实践等。线上线下、课内课外项目式教学贯穿本科生 4 年的学习时间,整个过程严格按模块化、系列化的工程案例与实际项目开展。创新人才培养过程从社会需求的热点技术分析开始,然后到项目的需求分析、设计、实施、测试、项目管理,最终对人才培养的作用和效果进行评价等,各环节通过案例和项目有效串联起来组成有机整体,实现相互间信息的交流和知识的融会贯通,多维度确保项目驱动教学与实践落到实处,实现学科交叉知识学习的关联性、整体性和系统性。具体架构如图 6-1 所示。

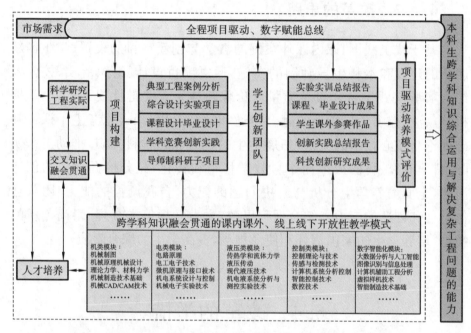

图 6-1　跨学科知识综合运用与创新能力培养的新架构

6.4.2　跨学科知识综合运用的项目式教学内容构建

项目设置是项目驱动教学与实践的核心,要充分体现对学科知识的融会贯通,将机、电、液、控技术紧密结合、贯穿始终,突出解决机电液系统复杂工程问题的能力。首先,针对"项目"任务,确定和描述所对应的机、电、液、控多领域的知识和内涵,确定项目的学习目标和学习内容,并对理论知识和技术实践知识进行目标分解。以项目任务为中心,按其性质、功能、内容以及它们相互间的内在联系,从基础到应用、从线上到线下、从课内到课外完成基于项目驱动教学内容的设置,如图 6-2所示。

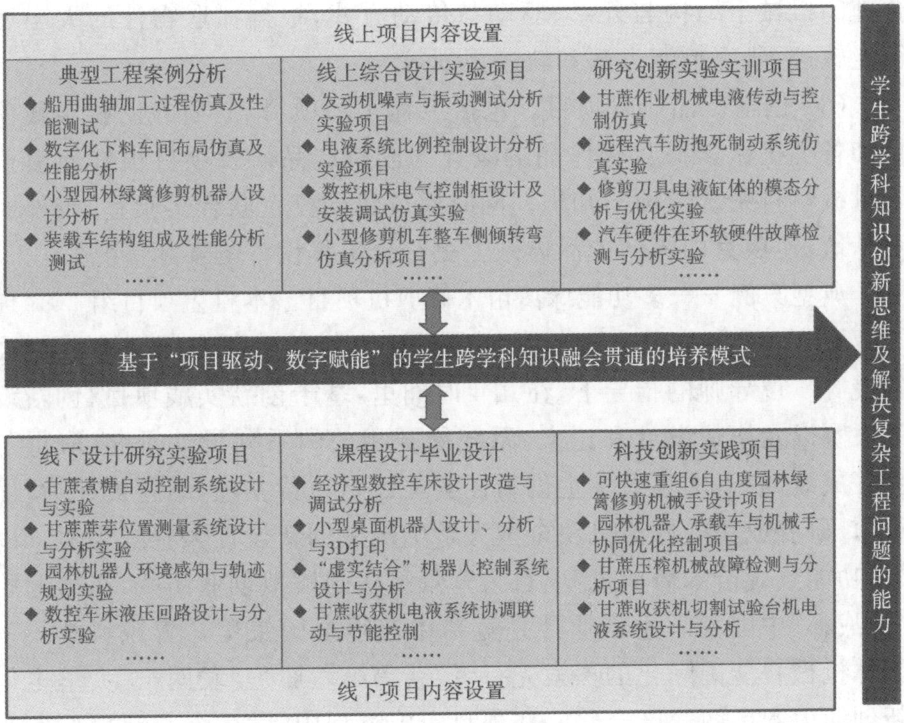

图 6-2　跨学科知识融会贯通项目式教学内容的设置

（1）典型工程案例。通过对实际工程项目设计问题、技术问题和装备问题的整合梳理,依据工程项目的设计、实施、评估、优化的逻辑流程来组织所涉及的基础理论知识和应用技术知识,逐一剖析关键知识点,构建典型机电液系统的工程案例库。

（2）综合设计研究性实验项目。跨学科实验教学内容的选择和优化重点考虑学生的知识系统和能力系统。实验内容依据学习阶段由浅入深设置,通过设置系列化、综合性、研究性的实验项目,强化学生自主设计实验内容、准备实验、完成实验操作、独立完成实验总结的自主学习实践过程,注重培养学生的机电液控知识、思维和方法的综合运用与创新实践能力。根据以上教学要求,已开发各类实验项目100多项,出版配套实验教材 4 本,已在我校机械工程本科生中应用多年。典型案例之一:机械手综合设计实验。它是集机械、电子和控制相关知识的创新性综合实验,学生要根据装置所使用的场合,设计合理的机械手结构与外形、驱动与传动方式,根据抓取物件的大小和行走轨迹,研究控制方法和轨迹规划等。

(3)创新产品研发项目。包括工程实际项目、立项的创新实践项目和各类机械学科竞赛作品的设计。创新产品研发项目很好地覆盖了机械学科系统全面的知识。同时通过建立校企联合实验室、校外实习基地,使项目内容从内涵体系上更符合工程设计的实际情况。

典型案例——多功能绿篱苗木修剪机项目。本科生项目组 2014～2017级的 30 多位学生参与了该项目研究。学生研究团队在蒙艳玫教授等 4 位导师的指导下,在几年时间里,基于创新实践项目、创新设计大赛以及毕业设计和论文,系统展开相关的系列设计研究,取得了良好成效,获得国家大学生创新性实验计划项目立项,结题被评为"优秀"。研制成功的修剪机获全国大学生机械创新设计大赛二等奖。以"多功能景观苗木修剪机"项目为背景组建的模拟创业团队,在第七届"挑战杯"中国大学生创业计划竞赛中获得全国银奖,"青锐科技——园林机械智能国际化的探索先行者"获得第六届"互联网+"大学生创新创业大赛广西赛区金奖。在项目实施过程中,学生参与获授权发明专利 10 件,有 8 位同学免试推荐读研,6 位同学考取研究生。该项目实现成果转化 443 万元。

(4)导师制科研子项目。创新能力的培养,科学理念的渗透和贯穿是不容忽视的。参加教师的科研项目对于培养学生科学的思维方法和严谨认真的实验态度,提高学生发现、分析和解决问题的能力起到关键的作用。在参与科研项目研究的过程中,学生需要了解教师的科研思想来源、本研究领域国内外的最新科研动态,生产实际中急需解决的问题,全过程必须主动地综合运用主干课程的知识,实现了机电液控理论知识的系统理解和创新实践能力的综合训练。2017—2021 年,学生参与教师科研项目实现成果转化 1000 多万元,实现了真正意义的项目式教学。

（5）课程设计与毕业设计选题紧密结合工程实际,真题真做,内容以复杂机电液产品分析设计的解决方案为主线,将机电液控技术紧密结合的系列课程贯穿始终,以更全面、更系统的形式构建智能制造模式教学设计内容,突出解决机电液系统复杂工程问题的能力;学生广泛应用现代工程工具开展设计和分析,图像识别、信息融合、智能算法等现代设计方法也得到越来越多的应用,极大提升了毕业设计（论文）的水平。

6.4.3　基于项目驱动教学的组织实施

基于项目化教学的实施从线上线下、校内与校外、课内与课外多维度展开,如图 6-3 所示。

1. 线上线下项目式学习

基于实验中心门户网站建设网络化机电液测控综合实验室,利用研发的导学软件、虚实结合的教学项目、教学互进系统等网络化教学资源,开展课前预习自学、课堂教学研讨、课后反馈拓展的项目式学习。学生可以通过导学系统进行自主学习、探究学习、协作学习,也可以通过教学互进系统与老师进行深层次交流;对于比较复杂的工程问题,学生还可以与老师进行面对面的深层次交流。多方式拓展了老师与学生的交流渠道,形成了"学生自主学习""师生现场深层次交流""互进系统协作学习"的突破时空限制的开放式教学组织方式。

2. 校内校外项目实训的组织实施

在本科生导师制实施的前提下,具有社会需求的各类项目以立项方式交给学生,学生组成研究小组,申请进入开放性实验室,在规定时间内进行项目研究实践。项目的全过程,从查阅文献、制订研究方案、研发产品原型、组装测试到撰写研究总结报告,是对课堂知识的深化

图 6-3　基于项目驱动、线上线下等教学的组织实施方式

和检验,从中掌握较系统的科学研究方法和开发技能,完成本科生实践环节培养由单纯的学习型向社会型转变,增强社会责任感,丰富了工作经验,提升掌控自我发展轨迹的自信心。同时与区内外知名企业建设深度合作的产学研联合培养实践基地,实现学生实习、课程设计和毕业设计与工程实际深度结合,高效利用企业的人才资源和先进设备资源,构建项目式学习良好的校内校外教学环境。

6.5　项目式教学支撑平台和保障措施

6.5.1　教学支撑平台建设

依托国家级机械工程实验教学示范中心、国家级机械工程虚拟仿真实验教学中心和广西大学-玉柴机器股份有限公司工程教育实践中心共 3 个国家级实验与实践教学平台和一批企业实践实习基地和校企联合实验室,以及广西大学蔗糖产业省部共建协同创新中心、广西制造系统与先进制造技术重点实验室和学院级的科研平台等,为开展项目式教学提供有力支撑(见图 6-4)。

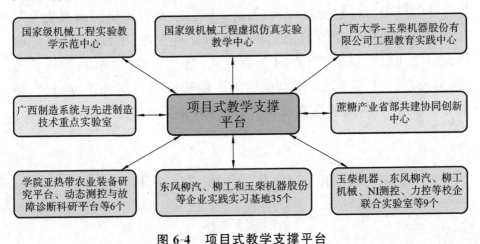

图 6-4　项目式教学支撑平台

6.5.2　金字塔形导师队伍建设

为确保项目式教学的顺利实施,组建金字塔形的导师团队。团队由具有丰富工程经验和创新精神的教授领衔,青年教师以及企业工程师构成金字塔主体,参与日常教学实践管理的研究生和优秀高年级学生筑成塔基。教学团队以教师为主导,同年级学生团队互学为主体、研究生和高年级学生带低年级学生为辅助手段,实践探索出教师与研究生、本科学生三赢的良性循环和可持续发展的教学组织形式。金字塔形的多年级、多层次教与学紧密结合的教学团队,大大减轻了在大众化教育的形势下,师资力量不足的问题。

6.5.3　质量保障制度建设

学校出台了《广西大学普通本科生导师制实施办法》,学院制定了

《关于本科生导师制工作实施细则的文件》，建立了一系列项目驱动的教学质量保障制度，从课内资源和课外实验条件、师资力量、制度规范等多维度建设有力的保障措施，制定了相应的管理办法和实施细则。典型工程案例、设计研究性实验、课程设计等经过认真梳理与优化整合形成教案和教材，课外创新项目内容的设立经过专家评估和论证，并设计创新项目计划及运行表、创新实践教学及管理质量调查表等与教学质量监控相配套的记录文档。采用分组管理、项目考核、结题答辩、项目验收、座谈会、调查问卷等形式，通过周期性评估、阶段性考核、实地查验、日常监控、信息反馈等手段抓好项目实施进度、评价结果分析诊断、评价结果信息反馈等环节，确保创新实践项目落到实处。

6.6　成果的推广应用

6.6.1　改革成果

（1）经过 10 年的理论与实践、课内课外项目式教学模式探索，广西大学获得 5 个国家教学质量工程标志性成果，2007 年获评国家级实验教学建设示范中心，2013 年通过验收；广西大学机械工程及自动化专业获评 2010 年国家级特色专业；2014 年中心获评国家级虚拟仿真实验教学中心；机械设计制造及其自动化专业 2016 年和 2019 年两次通过了中国工程教育专业认证，2019 年获国家级一流专业建设点。2019 年"机电液系统分析与测控实验技术"获广西壮族自治区一流课程。

（2）研究构建了基于项目驱动的跨学科知识融会贯通的教学新模式，探讨了项目驱动、线上线下、开放共享的内涵和架构，融入了先进的信息化、数字化、智能化技术，对其进行系统化的深层次改革和建设，并在我校机械工程专业理论与实践教学，校内与校外课程设计、毕业设计、企业实习和实践创新实践活动多维度的改革实践研究中进行具体的探索,构建了以"项目驱动、数字赋能"为宗旨,体现跨学科知识系统性、整体性和关联性的创新能力培养新模式。

(3) 获全国高校自制实验仪器设备优秀成果二等奖、三等奖和优秀成果奖 6 项,研发"虚实结合"实验项目 100 多项,编写配套实验教材 4 本。最近 5 年以来,本科生参与教师科研项目实现成果转化 1000 多万元,参与企业服务项目 125 项,实现了真正意义的项目式教学。

6.6.2　改革实践成效

(1) 极大提高了学生对学科交叉知识的融会贯通。基于课内课外项目驱动的教学模式,机电液控主干课程知识的系统性、关联性、开放性得到充分体现,多维度辅助学生理解、巩固和掌握知识,提高学生的综合专业能力,促进知识的转化和拓展,贴近产业的项目式教学,拉近机械工程教学与产业实际的距离。学生能更清晰地认识机械生产一线的特点,提高了适应能力和就业能力。

案例:机械工程及自动化专业 2012 级韦俊东同学,是项目式教学模式进行研究和实践的第一批本科生,该生认真学习虚拟样机设计方法,参与"遥控自走式多自由度机构机械手"和"农业植保拉管机"等样机的设计与开发,获授权发明专利 6 项,参加各类大学生机械创新设计大赛并多次获奖,获国家励志奖学金、李宁奖学金等奖项,该生免试推荐研究生,毕业后到柳州钢铁股份有限公司工作,目前已经是项目经理。

(2) 线上线下的教学模式突破了时空条件限制。网络化项目式实验和实践教学,实现了优质资源 24 小时的开放性教学。做到线上线下优势互补,使课内教学、课外教学、虚拟仿真、实际操作四位一体,创建了学习的最佳环境和情境,最大限度地开放了项目式教学资源,实现了社会优质资源的共享。

(3) 学生创新实践能力显著提高。完全开放的实践教学模式,极大地激发了学生的自主学习热情,提高了学生的实践动手和创新设计能力,学生获奖和科研成果数量快速增长。项目式教学模式改革以来,本科生导师制在 2017 年已在我校实现全覆盖,学生从大二开始到大四毕业,严格按照项目管理制度参与项目研发。在一个或多个系列化项目的研究学习中,学生在理论和实践中多次转换,通过真实项目的研究学习,实现了机电液控课程知识体系的全面掌握。2017—2021年,50 多人的毕业论文被评为校级优秀论文,156 人获得免试推荐研究生,培养出高素质的复合型工程人才,深受企业欢迎。

6.6.3 跨学科知识交叉融合的综合实验平台研发

1. 概述

非完整约束移动机械手综合实验平台是一个典型跨学科知识交叉融合实训学习平台。平台是机械操作手和移动机器平台的组合体,涉及机械设计技术、机器人技术、控制工程、测试技术、智能信息处理技术、嵌入式系统设计以及运动控制系统等知识的综合学习与应用。该综合实验平台采用硬件模块化、软件组件化的开发方式,通过开放性的输入输出接口,用可反复重构的模块化硬件、组件式软件构成完全开放的积木式柔性综合教学平台,具有极高的灵活性和可扩充性。实验平台提供多门课程基础性、综合性、设计性实验的系统学习,同时将课程学习及实验和实际工业应用联系起来,进一步提升工业机器人硬件设计、安装调试和软件开发水平,极大地提高了学生学习的兴趣和积极性,培养了学生的实际应用和综合创新能力,满足现代工业企业对综合技能人才的需求。

本着融合多门课程知识的目的,同时以展示产品研发过程为目标,结合课题组近年成功研发的机械手产品,设计组开发了一套非完整约束移动机械手开放性综合实验平台,学生在实验平台上可以完成机械设计、机器人技术、控制工程、测试技术、智能信息处理技术、嵌入式系统设计以及运动控制系统等课程的一系列专题和综合实验,满足自动控制和机电一体化实验教学的需要。同时把一个产品的研发过程浓缩到实验室里,让学生结合实际产品研发的过程,带着思考去亲手实践一个产品"从无到有"的过程,强化学生对所学知识的理解和掌握。通过设计一系列展示研发过程的实验课题,提高学生专业知识综合运用的能力,激发学生学习和研究的兴趣。

2. 综合实验平台的总体设计

非完整约束移动机械手是操作手和移动机器人的组合体,具有操作和移动的功能。与固定基座的机械手相比,这种机器人具有更大更灵活的工作空间,特别适合遥控和远程操作,主要应用在矿业、建设、林业、空间探索和军事等方面。对于移动机械手,移动平台让系统具有非完整约束性,移动平台和机械手之间具有很强的耦合作用,使移动机械手的轨迹规划和运动控制变得复杂,两者的结合进一步增加了系统的复杂性,是一个集合环境感知、动态决策与规划、行为控制与执行等多种功能于一体的综合型智能系统,涉及机械设计技术、机器人技术、控制工程、测试技术、智能信息处理技术、嵌入式系统设计以及运动控制系统等多学科知识的学习和综合应用,是机械类学生开展相关机器人技术学习的良好平台。

设计组研发的非完整约束移动机械手综合实验平台包括了六自由度机械手、底盘以及控制系统三大部分。综合实验平台总体架构如图 6-5 所示。

(1) 底盘。

底盘由伺服电机驱动,内置锂电池为整机供电以减轻底盘的重力以及体积。底盘采用左右两侧的履带式机构,可以实现原地掉头、攀越障碍物等功能,并为六自由度机械手提供承载平台。

(2) 六自由度机械手。

采用了自动搬运、装配、喷涂、焊接等工业现场常用的关节型串联机械手形式,拉近了教学现场与工业现场的距离。机械手通过底座安装在底盘上,由大、中、小三个臂及转盘关节、第一肩关节、第二肩关节,肘关节、旋转关节、腕关节六个关节组成,由步进电机驱动各关节,并实现机械手的六个自由度运动。执行机构为手爪、喷枪、焊枪等,能够模拟工业机器人的物料抓取、装配、工业喷涂、焊接等作业。

(3) 控制系统。

控制系统以 STM32 作为核心控制元件,包括车载式控制系统及

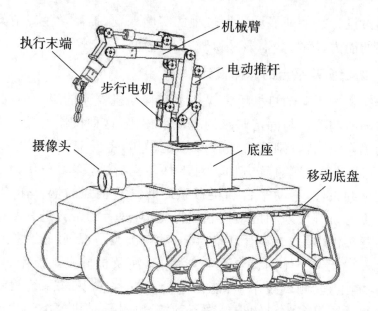

图 6-5　综合实验平台总体架构

手持式控制系统,并基于 4G、Wi-Fi 等无线通信技术实现与两控制系统的信息交换。设置开放式的数据输入输出接口,可自行配置接口的参数及功能定义,以方便传感器及执行器的后期拓展。

3. 综合实验平台控制系统

(1) 控制系统总体架构。

控制系统包括车载式控制系统及手持式控制系统,基于 4G、Wi-Fi 等无线通信技术实现对机械手及伺服底盘的无线自动控制以及数据采集。基于模块化的控制系统软件设计,包括操作与监测层、运动规划与控制层以及基础控制层的程序模块。程序源码完全开放,可以实现对各功能模块的编辑及调试。基于 MATLAB/Simulink 开发的数据接口实现了非完整约束移动机械手与虚拟仿真实验教学平台的实时数据同步。综合实验平台控制系统总体架构如图 6-6 所示。

操作与监测层采用基于 ARM Cortex-M4 内核的 STM32 控制器,负责连接按键、摇杆等硬件设施,并通过无线通信的方式与车载控制系统交换信息。在操作与监测层中将实时采集机械手的位姿信息

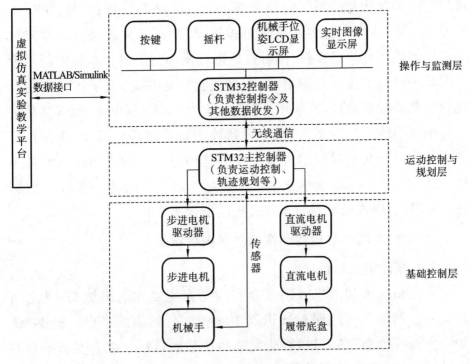

图 6-6　控制系统总体架构

与底盘前置摄像头拍摄到的图像实时显示。而摇杆与按键配合操作更加符合人机交互的需要。

　　运动控制与规划层主要由 STM32 主控制器完成整机的运动控制、机械手的轨迹规划与操作层信息传递等内容，并实时计算机械手当前位姿，对传感器信号进行响应。

　　基础控制层则由电机驱动器、电机、执行机构与限位传感器组成。其中机械手由步进电机及其配套的驱动器驱动，从而可以满足机械手的运动精度要求。履带底盘则由两个扭矩较大的直流电机相互配合通过差动方式驱动，且履带与地面接触面积比普通车轮更大，所以履带底盘的灵活性、机动性更强。三个部分相互联系、相互配合组成整机的控制系统。

　　（2）综合实验平台操作控制器设计。

　　实验平台操作控制器包括车载式控制器及手持式控制器。手持式控制器即操作与监测层的控制器,由 STM32 与摇杆、按键、机械手位姿显示屏、实时图像显示屏等外设连接,并通过无线通信的方式与车载控制器进行信息交换,可对整机进行操作与监测。车载控制器为本实验平台的下位机控制器,并跟随底盘一起移动,位于运动控制与规划层及基础控制层,其采用 STM32 作为核心控制单元,负责移动平台与机械手的运动控制与规划,可接收手持控制器的指令,并在执行相应动作的同时实时传输机械手位姿等信息。车载控制器也配备摇杆、按键与一块 LCD 触摸屏,可独立对本实验平台进行操作。如图6-7所示为手持式控制器与车载式控制器面板。

4. 综合实验平台功能和实验教学内容设置

(1)综合实验平台功能。

非完整约束移动机械手综合实验平台主要作为机械类、机电结合类专业的学生多门课程知识点学习和综合运用的平台。根据"认知—实践—创新"的思想,将非完整约束移动机械手综合实验平台的设计、仿真、制造、控制作为典型教学案例,贯穿于多门课程实践教学活动中,主要围绕基础课程和专业课程的实践、课程设计等三个环节展开,实现了机器人设计、制造、测控系列课程中的关联知识点有机衔接。

①基础课程如"机械原理""机械设计基础",结合非完整约束移动机械手综合实验平台,使学生直观理解机器的组成、运动副的分类及定义(各关节的转动副、电动推杆的移动副等)、自由度的定义及运算、机械传动方法等内容,也易于提高学生的学习兴趣。

②专业课程如"机器人学",要求学生根据给定的非完整约束移动机械手原始数据(机构工作空间、运动学/动力学参数),进行逆运动学分析、工作空间分析、刚体动力学分析、伺服电机参数预估及末端空间直线以及弧线轨迹规划等,建立相应的数学模型、编写计算机程序,并实现对六自由度机械手的实际运动控制,完成特定的抓取、搬运等功能。又如课程"虚拟样机技术",根据非完整约束移动机械手的实际物

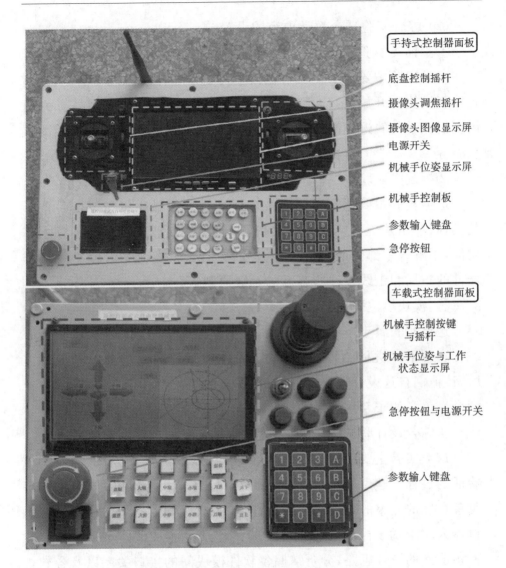

手持式控制器面板

底盘控制摇杆

摄像头调焦摇杆

摄像头图像显示屏
电源开关

机械手位姿显示屏

机械手控制板

参数输入键盘

急停按钮

车载式控制器面板

机械手控制按键
与摇杆

机械手位姿与工作
状态显示屏

急停按钮与电源开关

参数输入键盘

图 6-7　手持式控制器面板与车载式控制器面板

理参数让学生建立其 UG、PROE 等三维几何模型,并导入虚拟样机软件(如 ADAMS)中,构建运动学及动力学仿真模型,基于 ADAMS/MATLAB 的控制器协同仿真技术,实现非完整约束移动机械手物理控制器与虚拟模型的联合仿真,直观体验设计方案的可行性及运行效果,使学生能够学习到现代的设计手段。

（2）综合实验平台教学内容的设置。

①验证类实验。

这类实验主要让学生了解机械手控制系统各硬件模块功能,设置各控制模块的开放接口,用以完成各类器件的基本性能测试,如六自由度机械手的轨迹控制测试实验、基于 4G 网络的无线数据通信测试实验等。

②拆装类实验。

这类实验主要让学生依据技术标准进行机械手机械零部件的拆装实训、控制系统安装及连接实训等,熟悉该工业机械手的各项操作功能,了解各零部件的装配关系及安装参数要求,理解控制柜中各类器件的布局和走线设计所遵循的一般原则等。

③"模块填空"类实验。

这类实验属于单项设计实验,学生掌握了非完整约束移动机械手综合实验平台机械结构、控制系统硬件和软件的组成及工作原理之后,让他们自选设计模块,充分展现各自的想象力和创造力,设计出充满个性色彩的子系统控制功能。

④综合设计联调类实验。

这类实验主要让学生了解整合设计、虚拟仿真及分析、程序调试验证的过程。学生逐步设计、调试各个软件模块,最后完成一个中等复杂程度的完整的系统软件的设计,如完成机器人排爆、机器人搬运、机器人灾难现场探测等综合性实验。让学生能从整体上把握系统软件各层次的设计思路,分析掌握各软件模块间的接口关系以及各软件模块设计的先后顺序及联调关系,获得进行综合联调类项目的设计和实践经验。

⑤设计研发能力的培养。

非完整约束移动机械手综合实验平台涉及机械类课程、机电类课程等知识的综合学习与应用。从机械工作原理认知、机械结构设计、机械系统仿真、控制模块单项设计,提升到机器人机电联合系统的开发研究,能够让学生比较系统地梳理自己所学的知识并加以应用,掌握产品设计研发的过程,熟悉规范的科学研究方法,提高学生的动手能力,增强了学生的自信心。

5. 综合实验平台的教学特色与教学效果

非完整约束移动机械手综合实验平台是针对授课中出现的问题而提出的,与课程紧密结合,与课程的授课内容相关性高。综合实验平台能很好地让学生贴近真实的机器人技术,了解机器人的工作原理以及控制方法,在模拟试验过程中树立科学意识,深入学习科学知识,掌握科学方法和实验操作技能。平台具有鲜明的教学特色:

(1) 从技术先进性角度看,平台的技术方案结合了当代热门的机器人技术及智能化技术,容易引起学生的学习兴趣,从而激励他们深入地去探究机器人结构、机器人运动控制、STM32 控制系统开发、PLC 控制系统开发、GPS 定位、无线数据采集等知识。

(2) 从结构灵活性角度看,平台可以根据功能需求自由拆装组合,组合后能产生不同的效果。如可以更换不同的机械手末端执行器,实现物体搬运、喷涂、路面清洁等功能;也可移除部分机械手臂或关节,使机械手变成五自由度机械手或四自由度机械手等,教学灵活性高。

(3) 从控制系统学习角度看,控制系统中开放式的数据输入/输出接口易于实现设备功能的拓展,如增加超声波传感器,可实现自动避障;连接各种有害气体、物质的检测传感器,便可实现对事故现场的远程勘测等功能。启发学生根据这一实验平台,去联想其他的应用以及相应的实现方案,并在此设备基础上进行功能拓展及验证。

(4) 从知识综合运用角度看,平台综合了机械原理、机械设计、虚拟仿真、制造工艺、机电一体化技术、机器人、程序设计、通信技术等知识,涵盖了大部分机械类、机电结合类专业学生的课程体系,将其作为典型案例,贯穿相关课程的课程实验。学生以小组为单位完成用于特定工作机构(或其变型)的设计、分析、仿真、制造、控制等工作,完整体验产品的设计与制造全过程,引发学习兴趣和思考,有利于学生主动参与、合作交流,提高学生的实际动手能力、分析和解决工程问题的能力、合作学习和协同工作的能力,对学生综合知识的运用起到很好的启发作用。

我校以非完整约束移动机械手综合实验平台为载体,整合设计、仿真、制造、测控四大系列课程的教学内容,创新基础课程及专业课程实验教学方法,应用于本科生课程设计、毕业设计以及学生课外创新实践和研究生的课题研究中,并精心编写了所需的实验教材、指导书等教辅材料。从学生的反应和实际操作来看,非完整约束移动机械手综合实验平台使学生将机械原理、虚拟仿真、制造工艺、机电一体化技术、机器人、程序设计、通信技术等课程的知识有机地结合起来,并进一步提升到工业机器人硬件设计、安装调试和软件开发等创新设计、研究性学习方面,极大地提高了学生学习的兴趣和积极性,培养了学生的实际应用和综合创新能力。

6.6.4 总结

(1) 所研发的综合实验教学平台构思巧妙,通过开放性的输入输出接口,用可反复重构的模块化硬件、组件式软件构成完全开放的积木式柔性综合教学平台,实现一机多用的同时提高了教学效果。

(2) 平台基于 ADAMS/MATLAB 开发的控制器协同仿真技术,能够在虚拟环境中测试控制器对虚拟机械手的运动控制过程,实现了虚拟仿真实验和实体实验教学的紧密结合和综合应用,教学内容新颖、教学方法先进。

(3) 平台提供的基础性、综合性、设计性及研究性实验,使学生将机械原理、机械设计、虚拟仿真、制造工艺、机电一体化技术、机器人、程序设计、通信技术等课程的知识有机地结合起来,同时将课程学习及实验和实际工业应用联系起来,极大地提高了学生学习的兴趣和积极性,培养了学生的实际应用和综合创新能力,满足了现代工业企业对综合技能人才的需求。

　　(4) 将具有自主知识产权的科研成果用于教学,增进了学生对学科前沿与发展动态的了解,激发了学生的学习兴趣。以非完整约束移动机械手综合实验平台为载体,将培养学生创新能力和主动实践能力的理念贯穿于课程教学和实践教学的全过程,突显了教学模式的创新性。该产品目前共申请了 4 项国家发明专利,其中 2 项已获得授权。

第7章　全方位质量保障与反馈机制建立

7.1　构建三级全链条教学质量保障机制和持续改进机制

7.1.1　校院系三级教学质量的制度建设

学校制定了《广西大学关于进一步加强本科教学工作提高教学质量的指导意见》《广西大学毕业设计管理规定》《广西大学实践环节管理规定》等一系列完整的教学质量保障制度;学院制定了实习、课程设计、教学过程形成性档案等规范管理制度,教学系(专业)也相应制定了培养目标合理性评价制度、毕业要求达成评价制度、课程组教学研讨制度、课程教学质量评价制度等一系列教学质量管理制度,并以课程教学大纲的形式对理论课教学、实验教学、课程设计、实习、毕业设计等主要教学环节设置了明确的质量要求。

7.1.2　校院系三级教学质量管理的组织建设

校内教学质量管理分为学校、学院、教学系的三级管理模式,如图7-1所示。校级管理主要通过教务处和校督导团的听课以及期中教学检查等开展教学质量监控和反馈;学院主要通过学院督导组和院领导

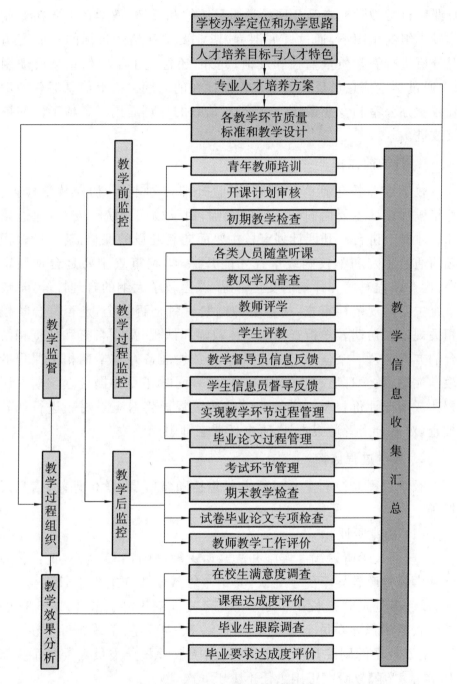

图 7-1　校内教学质量管理体系

听课和日常教学检查等开展教学质量监控和反馈;教学系主要在专业建设小组的组织下,通过开展课程、毕业要求和培养目标的达成度情况分析进行教学质量监控和反馈;此外,还建立了学生信息员反馈制度,通过学生信息员反馈教学过程中存在的问题。以上信息汇总到学院教学办公室和专业系(室),经过对信息的梳理后用于各项工作的持续改进。

1. 教学前监控

教学前监控包括青年教师培训、开课计划审核、初期教学检查。青年教师培训主要面向新入职的老师,由学校层面统一安排,通过培训后才能上讲台。开课计划审核主要面向新开设的课程,新开设课程必须通过学院和学校两级审查才能开课,学院审查主要是合理性审查,检查课程对培养计划的支撑情况、课程教学大纲的合理性等,学校审查主要是规范性审查,检查各种档案材料是否齐全、是否符合学校相关规定。初期教学检查面向全体教师和课程,采用自查和抽查相结合的方式。每一个任课老师在开学前必须准备好本学期相关课程的教学大纲、教学日历、教案、PPT 等材料,同时还需要提交上学期的课程达成情况评价材料。学校和学院两级督导将对上述材料进行两轮抽查,对不合格者通报批评,责令任课老师限期整改。

2. 教学过程监控

教学过程监控的主要运行方式包括随堂听课、学生评教、信息反馈等。

(1) 随堂听课。

《广西大学听课制度实施办法》(西大教〔2017〕30 号)规定:"①每学期学校党政领导不少于 3 次,其中主管教学工作的副校长不少于 5 次;②教务处正副处长不少于 6 次,有关科室正副科长不少于 3 次;③学校教学督导委员会委员不少于 20 次;④学院党政领导不少于 4 次,主管教学的副院长不少于 8 次,学院教学督导委员会委员不少于 10 次;⑤学院教研室正副主任不少于 8 次。"

听课后应及时与授课教师交换意见,将对授课教师教学的基本评价和建议反馈给授课教师;对听课中发现的问题,应及时与职能部门(教务处)或学院主管教学副院长交换意见,以便及时解决课堂教学中出现的问题。

(2)学生评教。

网上评教周期为每学期一次,一般在期末进行,学生必须完成网上评教之后才能进入下学期的选课程序。学生评教的依据是广西大学教务处制定的《广西大学课程教学质量测评标准》。

学生的评教结果信息由学院教学办工作人员负责收集和处理,对于评教分低于 80 分的,反馈给专业负责人,由专业负责人与教师进行交流,制定出改进方案。

(3)信息反馈。

《广西大学学生教学信息员工作制度》(西大教〔2017〕11 号)规定:"教学信息员应本着对工作认真负责、实事求是的态度,及时收集日常教学过程中的有关信息和广大大学生对教学的合理化要求和建议,并及时、客观地向教务处反映。信息员每学期期中上报一次信息,由学院组长收集整理后交教务处信息科;特别重要的信息,应及时报送。"

教务处对学生反映的信息进行分类,若属教务处职能范围的,教务处将及时解决;凡不属于教务处工作职能范围内的,教务处应将意见转达给各个学院和相关职能部门,限期要求其做出答复。转达给学院的信息,要求学校的本科教学督导委员对学院的整改工作进行督查,并将结果反馈到教务处;转达给相关的职能部门的信息,请相关职能部门督办。

3. 教学后监控

教学后监控的主要运行环节包括考试环节管理、试卷/毕业论文专项检查等。

考试环节管理一般在期末考试阶段,包括出题、试卷审核、试卷印刷、考试、阅卷、补考、补考阅卷、成绩提交,考试环节按学校的相关文件执行。试卷/毕业论文专项检查安排在每学期期中阶段,由学校、学院两级督导进行抽查,学校督导主要检查试卷的规范性,学院督导主要检查试卷的合理性,包括与教学大纲的符合度、与课程教学目标的契合度、评分标准的合理性等。

4. 教学效果分析

教学效果分析的主要运行环节包括在校生满意度调查、课程达成情况评价、毕业要求达成情况评价、毕业生跟踪调查等(见表 7-1)。

表 7-1 　教学效果分析评价机制

措施	实施办法	主体	执行机构	执行频度	评价结果	结果处理
在校生满意度调查	问卷调查	在校学生	学工组	1次/年	在校生满意度调查报告	学工组将调查结果进行分类统计,若属于学工组范围的由学工组直接处理,处理不了的上报学院处理,若属于专业层面的问题反馈给专业负责人,由专业负责人落实整改
课程达成情况评价	成绩分析法、量规表分析法	在校学生	任课老师	1次/学期	课程达成情况分析表	根据课程达成情况的分析,若是任课老师的范围,由任课老师自行整改,任课老师处理不了的上报到专业组,由专业负责人研究制定整改方案
毕业要求达成情况评价	直接评价法(基于课程);问卷调查法	应届毕业生	专业建设小组	1次/年	毕业要求达成情况分析报告	根据毕业要求达成情况的分析,若是专业层面的问题,由专业负责人落实整改,若专业负责人处理不了,上报学院,由教学副院长落实整改

续表

措施	实施办法	主体	执行机构	执行频度	评价结果	结果处理
毕业生跟踪调查	问卷调查法	毕业生	专业建设小组	1次/2年	毕业生跟踪调查报告	根据调查报告的分析,若是专业层面的问题,由专业负责人落实整改,若专业负责人处理不了,上报学院,由教学副院长落实整改

7.1.3　线上线下、校内校外的教学质量监控和反馈机制

专业建立了线上和线下结合、定期和不定期结合、信函邮件调查与访谈结合的教学质量跟踪调查机制;同时通过第三方机构对毕业生培养质量进行跟踪反馈;参与教学质量评价的对象包括教师、在校生、毕业生、企业、行业和用人单位等。

7.1.4　建立以产出为导向的课程质量的评价机制

课程质量评价是质量保障的核心,也是毕业要求达成评价的依据。专业基于产出导向的教学理念,对课程教学大纲进行持续改进。经过第一次修订,旧大纲由简单的一维结构升级为教学目标与毕业要求匹配的二维结构,而课程教学质量仍然缺少评价依据,人才培养质量评价没有落实到最后一公里;第二次大纲修订后,课程教学大纲形成了以学生能力达成为中心,以教学内容、教学模式和评价标准支撑教学目标达成的三维架构,从而使得任课教师能以课程大纲评价标准为依据,从作业、测验、课堂讨论、课程论文、课程设计、实验以及考试成绩等方面评价课程教学目标的达成情况,聚焦学生的学习成效,保证课程内容、教学方法和考核方式与该课程支撑的毕业要求相匹配。图 7-2 所示为以产出为导向的课程教学大纲的形成过程。

对于毕业设计工作,学校和学院制定了《广西大学本科生毕业设

计(论文)管理规定》《广西大学本科生毕业设计(论文)基本规范要求》等系列文件规定对毕业设计工作全程进行质量监控。专业在开始阶段召开动员大会,对全体学生进行动员。此后每位学生还必须参加开题报告、中期报告和毕业论文答辩等考核环节,而各个环节的评审专家也会对每一个学生的设计或论文进行审核和指导。在论文工作全程,指导教师定期对学生进行指导和答疑,以确保按照任务书要求高质量完成毕业设计(论文)。课程设计的指导和管理与毕业设计基本一致,通过集中指导、答疑、小组讨论、小组答辩和集中答辩等环节,保证课程设计教学目标的达成。《广西大学实验教学管理办法》明确规定了实验课指导教师的指导责任:实验课开始前,要介绍实验大纲要求;要对学生宣讲实验守则和有关规章制度及注意事项,对学生进行安全纪律教育;实验过程中,指导学生自觉遵守实验中心的各项规章制度和操作规程;另外,做到实验中心全天候向学生开放,学生通过预约,可以在课余时间利用现有实验条件进行课外科技创新实验和自主实验。

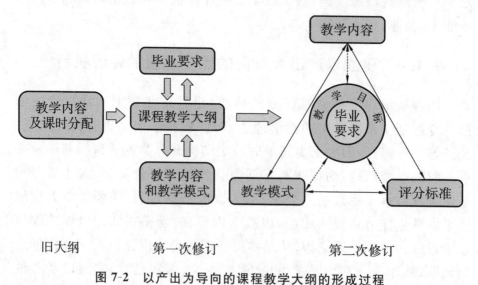

图 7-2 以产出为导向的课程教学大纲的形成过程

7.1.5 构建"全面、全过程、全员参与"的质量保证体系

建立"全面、全过程、全员参与"的质量保证体系,通过校外循环持

续改进培养目标,保证其符合学校定位和社会经济发展需求;通过校内循环持续改进毕业要求,保证其始终符合培养目标;通过课内循环持续改进课程体系和课程教学,保证其始终符合毕业要求,确保人才培养质量,如图 7-3 所示。

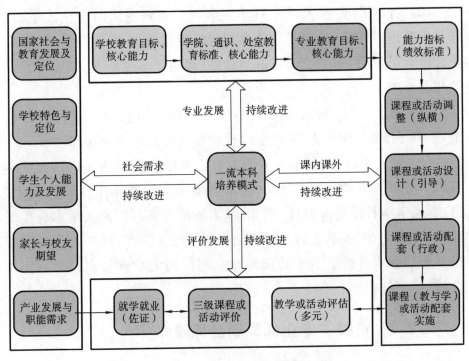

图 7-3   人才培养质量保障体系

7.2   建立学生培养过程评价机制

7.2.1   学校制度保障及评价

学校制定了系列本科教学管理规定,对人才培养工作的全过程进行规范管理,开发了教学管理信息系统,对学生的学习情况进行信息化管理和监控。

（1）制定了《广西大学本科学分制实施方案》，对学分制的全过程实施计算机信息化管理，对学生学籍、注册、选课、取得学分情况实施统一管理。

（2）制定了《广西大学本科学生学籍管理规定》，对学生入学、注册与学籍进行管理；确定了专业学制与学生修业期，对学生休学、复学条件进行了说明，制定了学生退学条件；确定了学生毕业、结业和肄业的相关要求。

（3）制定了《广西大学学士学位评定标准》，制定了学位授位标准，明确了学院、教务处、学校学位授位审核的三级管理程序。

（4）制定了《广西大学本科课堂教学秩序管理办法》《广西大学本科教学考试管理规定》《广西大学本科学生实习教学工作管理规定》《广西大学本科生毕业设计（论文）基本规范要求》《广西大学本科生毕业设计（论文）学术不端行为检测及处理办法（试行）》《广西大学关于进一步加强本科教学工作的实施意见》《广西大学创新实践学分实施办法》等文件。

7.2.2 机械类专业规章制度保障

机械类专业按照新工科的建设要求和广西大学关于制订本科专业培养计划的意见制定人才培养计划，明确培养目标和培养要求，设置课程体系，制定课程教学大纲，在理论教学和实践教学各个环节制定并实施多种考核方式，对学生的学习情况进行考核评估，利用教务信息管理系统和知网平台对学生的实践项目实施、成长过程、创新成果、课业成绩进行记录、跟踪、评估、预警和毕业资格审核。

为了保证学生毕业时能够达到毕业要求，毕业后具有社会适应能力与就业竞争力，专业组建立了对在校学生能力的评价体系，见表7-2。

表 7-2　对在校学生能力的评价体系

评估目标	培养目标	毕业要求	评估方式及内容	评估人	评估周期	形成记录的文档
专业学业水平	目标 1：具备扎实的数学、自然科学基础知识和工程基础知识，系统地掌握机械工程领域的专业知识，并能应用于解决复杂工程问题的工作实践	1. 工程知识	作业成绩	任课教师	跟随课程	作业/成绩记录表
			测验成绩		跟随课程	测验题/成绩记录表
			课程设计成绩		跟随课程	大作业/成绩记录表
			考试成绩		跟随课程	试卷/成绩记录表/试卷分析表
		5. 使用现代工具	实验成绩	实验教师	跟随课程	实验报告/成绩记录表
		12. 终身学习	学科竞赛/创新创业项目/论文/专利	创新实践课程教师	跟随课程	设计作品及报告、立项通知及获奖证书
			职业资格证书	创新创业实践课程教师	跟随课程	证书登记

续表

评估目标	培养目标	毕业要求	评估方式及内容	评估人	评估周期	形成记录的文档
专业创新能力	目标2：具备解决机械产品及复杂工程系统相关问题的分析能力、实践能力，以及工程项目的运作管理能力，具有创新意识； 目标3：具有一定的国际视野，较强的团队合作和沟通能力，并能承担一定的组织和管理工作； 目标4：具备终身求知的精神和持续自我完善的能力	2. 问题分析 3. 设计/开发解决方案 4. 研究 5. 使用现代工具 6. 工程与社会 7. 环境和可持续发展 8. 职业规范 9. 个人和团队 10. 沟通 11. 项目管理 12. 终身学习	校内外综合实训（金工实习、生产实习）	实验教师、企业兼职教师	每届	实习报告/成绩单
			专业能力综合训练/课程设计	指导教师	每届	图纸、设计说明书、打分表、成绩单
			CDIO项目实践	指导教师	每届	图纸、软件、项目报告、打分表、成绩单
			专业能力综合训练/课程设计/毕业设计	指导教师	每届	图纸、设计说明书、打分表、开题报告、中期进展报告
			专业能力调查	专业组	每届	调查表

续表

评估目标	培养目标	毕业要求	评估方式及内容	评估人	评估周期	形成记录的文档
	目标 5：勤恳忠诚，具备良好的人文社会科学素养和道德品质，了解工程职业/行业相关的法律、法规、政策与标准，具有强烈的社会责任感和工程职业道德	6. 工程与社会 7. 环境和可持续发展 8. 职业规范	社会实践	团委、学工组	每年	照片、证书、证明
			公益活动	团委、学工组	每年	照片、证书、证明
社会适应能力			社会能力调查	专业组	每届	调查表

(1) 通过第二课堂对学生的社会能力进行评价。

为了提升学生的人文素养,使学生具有良好的团队精神和表达能力、国际视野和跨文化的交流、竞争与合作能力,具备良好的道德品质,具有强烈的社会责任感、职业责任感。学校规定学生在校学习期间除课内完成必修课、选修课、集中实践环节学分外,还必须获得 4 个创新创业实践学分,方准予毕业。学生可以通过参加各类社会实践、调查、志愿者服务等活动获奖、写出较高质量的调查报告或研究论文,经审核、认定而获得学分。校团委、学生就业创业指导服务中心、学生处等部门负责组织、指导和监督学生参加和完成社会实践,学生参与社会活动实践等经过认可后,可获得第二课堂的学分。除了通过第二课堂育人体系提升学生的社会能力外,本专业也在多层次的实践训练中注意培养学生的团队精神、表达能力、合作能力以及环境保护、可持续发展意识等,培养学生在设计工程解决方案时具备分析和评价针对复杂机械工程问题的工程实践对社会、健康、安全、法律、文化影响的能力,培养学生的社会责任感。

(2) 按毕业要求对学生的学业达成情况进行跟踪评价。

为保证本专业学生的培养质量,规范学生的课程考核与成绩管理,凡学生所选专业培养计划规定的课程和教学环节必须经过考核评价。考核合格的学生获得学分,否则进行补考或者重修。考核成绩记入学生成绩档案,考核方式可为闭卷、开卷、大作业、课程设计等多种方式。

①课堂表现评价。

在课程教学过程中,任课教师对学生学习过程的表现,按课程教学大纲评价标准对学生的课堂表现、学习主动性、作业完成情况和课堂测验等进行评分和记录。

②理论课考试评价。

教师严格按照课程教学大纲所规定的教学目标进行试卷命题,课程负责人指定试卷命题组成员,试题内容要符合教学大纲中对该门课程知识和能力的要求。专业必修课需要 A、B 两套试卷,且 A、B 卷的难度、广度、分量相当。考试后,任课教师要写出试卷分析和课程达成情况分析,总结课程教学目标的达成情况,对存在的问题提出改进措施。对考试不及格者,允许补考一次,补考不及格的重修,重修不及格的不允许补考。

③实验课教学评价。

实验课指导教师根据以实验大纲中的课程评价标准,对学生参加实验课的表现,实验报告质量、现场操作等进行综合考评,评定其实验成绩。通过实验教学环节培养学习设计实验方案、操作、数据采集、分析和解释数据的能力,培养学生的研究能力。

④实习教学评价。

本专业的实习分为金工实习和生产实习。校内指导教师按照《广西大学本科学生实习教学工作管理规定》全程参与指导,校内指导教师记录实习过程中学生的每日出勤和表现情况;实习结束后,学生提交实习报告、实习日记。由实习指导教师依据实习课程大纲评价标准对学生的实习报告、实习日记及实习期间的表现等,对学生进行全面综合考评,评定其实习成绩。

⑤课程设计评价。

专业教师按照课程设计教学大纲要求给出课程设计题目,学生应用已学专业课程基础知识开展设计和研究。在课程设计过程中,指导教师全程指导,定期答疑和检查设计工作进度,引导学生将所学专业基础进行综合运用,加深对所学理论的理解,提高工程实践能力。设计结束后,学生需提交图纸、课程设计说明书等。指导教师综合学生平时表现、答辩、说明书、图纸以及小组评分等情况对学生的课程设计进行成绩评定。

⑥毕业设计(论文)评价。

指导教师按照《广西大学本科生毕业设计(论文)管理规定》《广西大学本科生毕业设计(论文)学术不端行为检测及处理办法(试行)》组织开展毕业设计,在进行毕业设计的过程中,要求通过开题报告、中期检查、后期检查,考查学生是否能按进度计划开展设计研究。参加毕业设计的全体学生须参加毕业答辩。最后,依据开题报告评分、标准化检查评分、指导教师评分、评阅人评分和答辩表现得分,综合评定该毕业生的最终毕业设计(论文)成绩。

⑦创新创业实践评价。

创新创业实践学分是指全日制本科生在校期间,参加第一课堂外的各类活动,取得具有一定创新意义的智力劳动成果或其他优秀成果,经学校评定获得的学分,由"高级研究性学分""竞赛学分""技能学分""社会实践学分""创业实践学分"构成。"高级研究性学分"是指主持或参与科学研究项目、公开发表学术论文论著、研究成果获奖、获国家专利等所获得的相应学分。"竞赛学分"是指参加学科竞赛、科技活动、文体竞赛等,获校级及以上奖励所获得的相应学分。"技能学分"是指通过培训或考试获得各类技能或资格证书而获得的相应学分。"社会实践学分"是指通过参加各类社会实践、调查、志愿者服务等活动获奖、写出较高质量的调查报告或研究论文,经审核、认定而获得的学分。"创业实践学分"是指学生注册公司、工作室、事务所等并成功经营达到一定时间,或是参加其他创业活动,经审核、认定而获得的学分。

所有创新创业实践类活动所产生的学分均以"创新创业实践"课程的形式予以记载。从 2015 级本科生起,学生须修满 4 个创新创业实践学分才能符合毕业学分要求。学院按班级设任课教师一名,负责对学生创新创业实践学分申请材料进行审核、认定和录入。

（3）通过实践环节对学生的创新能力进行评价。

机械类专业通过多层次实践环节培养学生的专业能力，使学生具备解决机械设计、制造及其自动化领域复杂工程问题的能力，以及工程项目管理能力，团队合作和交流能力，沟通能力，终生学习意识和持续自我完善的能力，并在专业能力形成过程中，同时培养学生良好的职业道德和社会责任感。主要实践教学方式有：金工实习、生产实习、机械原理课程设计、机械设计课程设计、机械制造技术基础课程设计、专业课程设计、CDIO项目实践、毕业设计等。对于每届学生，专业组还通过发放调查表的形式对学生的创新能力进行调查，并与实践课成绩结合以综合评价学生的创新能力。

7.3　建立健全用人单位反馈机制

通过校友调研、校友访谈，引入麦肯锡公司等第三方咨询机构等形式，跟踪毕业 5 年以内、5～10 年的毕业生职业发展状况和用人单位评价情况，建立毕业生校友职业发展跟踪和评价机制、用人单位跟踪反馈机制。

7.3.1　建立社会评价机制

学院非常重视毕业生的跟踪调查，建立了线上和线下结合、定期和不定期结合、调查与访谈结合、校内与校外结合的毕业生跟踪调查机制（见表 7-3）。

表 7-3　毕业生跟踪调查机制

方式	机构	渠道	周期	文档记录
用人单位问卷调查	学工组	在线问卷调查	2年一次	用人单位满意度调查报告
专家访谈	主管副院长、专业负责人	函询、访谈	不定期	专家意见
第三方调查	学校教务处、专业调查机构	在线调查、电话、邮件等	不定期	第三方调查报告

1. 用人单位问卷调查

由学工组负责组织实施，评价主体为用人单位，一般在每年6月份（与在校生满意度调查同步开展）完成。学工组组织问卷的发放和回收，并汇总问卷数据，针对问卷集中反馈的问题，组织任课老师、班主任、专业负责人等相关部门和人员，开展讨论，共同制定持续的改进措施。

2. 专家访谈

不定期开展，主要面向行业或企业专家，一般由主管副院长或专业负责人组织实施。通过函询、访谈的方式收集专家意见。

3. 第三方调查

不定期开展，一般由学校层面负责组织实施，委托第三方专业调查公司来开展调查，例如麦肯锡公司。

7.3.2　评价结果被用于专业的持续改进

机械类专业高度重视教学过程的质量监控和毕业生的跟踪反馈，形成了较为完善的教学过程质量监控机制和毕业生跟踪反馈机制，以及将内外部评价结果用于持续改进的工作机制（见表7-4）。

表 7-4　本科教学质量反馈与持续改进机制

评价主体	实施方式和渠道	实施内容	执行频度	被评价与反馈对象	反馈与改进流程	相关制度和文档
在校学生	网上评教	课内教学质量评价	1 次/学期/门	任课教师	教务处将评价结果反馈给专业组和教师本人→专业负责人与相关教师交流→教师提出改进方案并实施；①任课教师针对评教结果的弱项进行改进；②学院根据评教结果对教师进行考核和培训	《广西大学课堂教学质量测评标准》、网络评教数据、工作总结

续表

评价主体	实施方式和渠道	实施内容	执行频度	被评价与反馈对象	反馈与改进流程	相关制度和文档
在校学生	问卷、网络调查或邮件	在校生调查/课内教学质量评价、培养方案评价、教学条件评价等	不定期	任课教师、专业负责人	调查组织者将评价结果反馈给专业组和教师本人→专业负责人与相关教师交流→教师提出改进方案并实施:①针对存在的问题组织研讨;②针对评价结果的弱项进行改进	调查报告、工作总结

续表

评价主体	实施方式和渠道	实施内容	执行频度	被评价与反馈对象	反馈与改进流程	相关制度和文档
学生信息员	纸质/在线	课内教学质量、教学条件评价	每学期	任课教师或教学相关部门	教务处汇总并向学生反馈解决方案,或将学生意见反馈给相关部门负责人。如果涉及课程教学质量的,则由学院反馈给任课教师→教师提出持续改进方案并实施;如果涉及学生管理及教学管理工作的:①根据反馈意见改进教学管理工作,学生管理工作或完善教学基础设施;②根据反馈意见加强教师队伍的管理和培训	《广西大学学生教学信息员工作制度(试行)》,广西大学学生教学信息员信息反馈表

续表

评价主体	实施方式和渠道	实施内容	执行频度	被评价与反馈对象	反馈与改进流程	相关制度和文档
校、院领导/教学督导	教学检查、听课、学生座谈	课内教学质量、教学条件评价	定期/不定期	任课教师	听课者就课程教学中存在的问题与任课教师进行现场交流和指导,或者反馈到学院,再由学院与任课教师交流→提出改进措施并实施:①任课教师针对评教结果的弱项进行改进;②学院根据评教结果对教师进行考核和培训	《广西大学期中教学检查实施办法》《广西大学关于听课制度的规定》《广西大学本科生毕业设计(论文)管理规定》《广西大学关于加强本科教学工作提高教学质量的若干决定》,听课本、检查报告及改进意见、工作记录

续表

评价主体	实施方式和渠道	实施内容	执行频度	被评价与反馈对象	反馈与改进流程	相关制度和文档
校、院教务及领导	日常教学管理、专项教学检查、年终考核	整个教学过程	每学期、定期与不定期	任课教师、学院及专业负责人	提出检查报告→学院反馈给专业负责人→专业负责人将反馈意见提交全系教师讨论→提出改进措施并实施→总结	《广西大学教学督导委员会工作细则》《广西大学教学指导委员会工作办法》《广西大学关于加强本科教学工作提高教学质量的若干决定》《广西大学实习教学基地建设与管理规定》《广西大学本科学生实习教学工作管理规定》《广西大学创新实践学分实施办法》《广西大学教师教学工作规范》《广西大学本科优秀毕业设计(论文)和毕业设计(论文)工作检查与优秀学院评选办法》、检查报告及改进意见、工作记录

续表

评价主体	实施方式和渠道	实施内容	执行频度	被评价与反馈对象	反馈与改进流程	相关制度和文档
任课教师	教师填写课程考核计划表、试卷分析表、课程抽样数据表、课程达成度评价表、按本专业达成度评价方法进行评价	课程达成度评价	每学年1次	任课教师、教研组、学院及专业负责人	评价结果经课程组讨论→任课教师提出课程的持续改进措施并实施→总结	课程达成度评价方法/课程考核计划表、试卷分析表、课程抽样数据评价表、课程达成度评价表、工作总结

续表

评价主体	实施方式和渠道	实施内容	执行频度	被评价与反馈对象	反馈与改进流程	相关制度和文档
专业建设小组	依据课程达成度评价结果,调查分析结果,填写毕业要求达成度评价表	毕业要求达成度评价	2年1次	学院及专业负责人	专业建设小组将评价结果反馈给学院及专业负责人→专业负责人向全体教师说明评价结果并实施改进:①根据达成度评价结果,以及社会评价佐证材料,对培养计划、培养目标和毕业要求进行修订;②召开研讨会,对薄弱环节进行分析,提出改进措施并实施	毕业要求达成度评价方法、毕业要求达成度评价表、工作总结

续表

评价主体	实施方式和渠道	实施内容	执行频度	被评价与反馈对象	反馈与改进流程	相关制度和文档
毕业生	网络调查、邮件、电话、座谈等	毕业要求、培养目标、培养方案等满意度调查	1年定期和不定期	学院及专业负责人	评价结果反馈给学院及专业负责人→专业负责人向全体教师说明评价结果→经讨论提出改进措施并实施→总结	调查表、调查报告、工作总结
用人单位	网络调查、邮件、电话、座谈等	毕业要求、培养目标、培养方案等满意度调查	不定期	学院及专业负责人	评价结果反馈给学院及专业负责人→专业负责人向全体教师说明评价结果→经讨论提出改进措施并实施改进:①根据反馈结果对课程体系、教学内容和学生工作进行改进;②根据反馈结果对培养计划、培养目标和毕业要求作出修订	调查表、调查报告、工作总结

续表

评价主体	实施方式和渠道	实施内容	执行频度	被评价与反馈对象	反馈与改进流程	相关制度和文档
第三方机构	网络调查、邮件、电话	毕业要求、培养目标、培养方案等满意度调查	不定期	学院及专业负责人	评价结果反馈给学院及专业负责人→专业负责人向全体教师说明评价结果→经讨论提出改进措施并实施：①根据反馈结果对课程体系、教学内容和学生工作进行改进；②根据反馈结果对培养计划、培养目标和毕业要求作出修订	调查表、调查报告、工作总结

1. 内部信息反馈用于持续改进

依托学校教学质量保证体系,根据教学环节质量控制标准,本专业构建多重闭环反馈机制,教学过程质量保证及持续改进机制由校外、校内和课内闭环构成。校内管理层次分为学校、学院和教学系的三级管理模式。校外闭环主要根据企业行业和用人单位的反馈意见等对培养目标、毕业要求、课程体系等进行修订。校内闭环主要通过教务处、学院和校院督导组对教学团队、教学活动等教学环节开展教学质量监控,根据学生和教师的反馈修订培养目标、毕业要求、课程体系、教学内容和教学模式等项目。课内闭环主要由任课教师在教学过程中,通过与学生互动、收集学生的反馈意见、调整和改进教学内容和教学模式来实现。

2. 外部评价结果用于持续改进

学院与广西多家大中型企业和科研院所建立了长期战略合作关系,邀请企业与用人单位共同参与人才培养的整个过程。一方面,建立了毕业生跟踪反馈机制。通过多种反馈渠道(例如:电话、邮件、宣讲会、讲座、座谈会、跟踪走访和校友会等),收集毕业生就业信息,与毕业生保持联系。学院每年指定学生工作组专人通过上述方式发放毕业生就业情况调查表,进行数据收集。另一方面,为了了解本专业毕业生培养目标达成情况和初入工作岗位毕业生的毕业要求达成情况,学院与用人单位建立了用人单位评价机制。学校定期联系企业,采用问卷调查的方式,邀请录用本专业就业人数较多的单位的人力资源负责人或技术负责人填写问卷,了解毕业生在企业生产过程中所表现出来的知识、能力、素质等综合情况,分析人才培养目标达成度,并邀请企业对人才培养方案和过程提出建议。

参 考 文 献

[1] 李培根.工科何以而新[J].中国高教研究,2017(4):1-15.

[2] 钟登华.新工科建设的内涵与行动[J].中国高教研究,2017(4):1-6.

[3] 叶民,孔寒冰,张炜.新工科:从理念到行动[J].高等工程教育研究,2018(1):24-32.

[4] 王璐瑶,陈劲,曲冠楠.构建面向"一带一路"的新工科人才培养生态系统[J].高校教育管理,2019(3):61-69.

[5] 李家俊.以新工科教育引领高等教育"质量革命"[J].中国高教研究,2020(2):6-11,17.

[6] 蒙艳玫,李文星,叶志豪,等.网络化远程测控实验教学平台的研究与实践[J].实验室研究与探索,2016(7):108-112.

[7] 蒙艳玫,卢福宁,唐治宏,等.基于PROJECT BUS驱动的机械类本科生创新能力培养[J].实验室研究与探索,2014(2):194-198.

[8] 蒙艳玫,唐治宏,董振,等.机械工程虚拟仿真实验教学体系的研究与实践[J].实验技术与管理,2016(5):109-112.

[9] 蒙艳玫,秦钢年,卢福宁,等.构建新的实验教学体系创建机械工程实验教学示范中心[J].实验室研究与探索,2009(1):23-26.

[10] 蒙艳玫,张书涛,卢福宁.CAD/CAM/CNC综合实验教学平台的研究与开发[J].实验技术与管理,2009(11):86-88.

[11] 林建华.工程教育的三种模式[J].中国高教研究,2021(7):15-19.

[12] 吴岩.新工科:高等工程教育的未来——对高等教育未来的战略

思考[J].高等工程教育研究,2018(6):1-3.

[13] 杨冬.从科学范式到工程范式:高质量新工科人才培养的逻辑向度与行动路径——基于知识生产模式转型框架[J].大学教育科学,2022(1):19-27.

[14] 殷朝晖,刘子涵.知识管理视域下新工科人才培养模式研究[J].高校教育管理,2021(3):83-91.

[15] 刘湉祎.新工科建设的"应为"与"可为"——基于知识生产模式的视角[J].高等工程教育研究,2018(6):11-15.

[16] 郗海霞,陈艳艳.秉承卓越:美国工程教育专业认证标准的变革路径与价值趋向[J].现代教育管理,2021(2):63-69.

[17] 吴岩.勇立潮头,赋能未来——以新工科建设领跑高等教育变革[J].高等工程教育研究,2020(2):1-5.

[18] 顾佩华.新工科与新范式:概念、框架和实施路径[J].高等工程教育研究,2017(6):1-13.

[19] 吴爱华.加快发展和建设新工科,主动适应和引领新经济[J].高等工程教育研究,2017(1):1-9.

[20] 赵继,谢寅波.新工科建设与工程教育创新[J].高等工程教育研究,2017(5):13-17,41.

[21] 聂小武,蔡明灯.专业认证和新工科建设下应用型高校材料成型及控制工程专业人才培养体系构建[J].上海教育评估研究,2021(2):56-61.

[22] 李志义.我国工程教育认证的最新进展[J].高等工程教育研究,2021(5):39-43.

[23] 葛文杰."双一流"建设背景下的高等教育重塑与课程教学深度改革[J].中国大学教育,2021(9):53-61.

[24] 江桂云,罗远新,等."大工程观"视域下一流机械工程人才培养研究与实践[J].中国大学教育,2020(2):37-41.

[25] 王国强,卢秀泉,金祥雷,等.成果导向教育理念的新工科通识教育体系构建研究[J].高等工程教育研究,2021(4):29-34.

［26］韦锦,孙玉玺,蒙艳玫,等.非完整约束移动机器人综合实验平台研发与应用[J].实验技术与管理,2017,34(1):74-78.

［27］MENG Y M, SUN Q H, LI X W, et al. Application of virtual reality technology in the experimental teaching of machinery manufacturing simulation［J］. Education and Information Technology Application,2016(8):382-394.

［28］MENG Y M, YU N, TANG Z H, et al. Research on virtual simulation experiment teaching of mechanical design based on virtual prototyping technology［C］//The 2016 International Conference on Humanities and Social Science. Atlantic Press, 2016:61-66.

［29］耿葵花,谢红梅,蒙艳玫,等.基于"多元培养、三维融通、全程协同"教育理念的地方高校机械类专业"双高"人才培养方案——以广西大学为例[J].西部素质教育,2020,6(1):1-3.

［30］王卫国.虚拟仿真实验教学中心建设思考与建议[J].实验室研究与探索,2013,32(12):5-8.

［31］胡鹤玖.大学生创新能力培养[J].中国高教研究,2003(6):75-76.